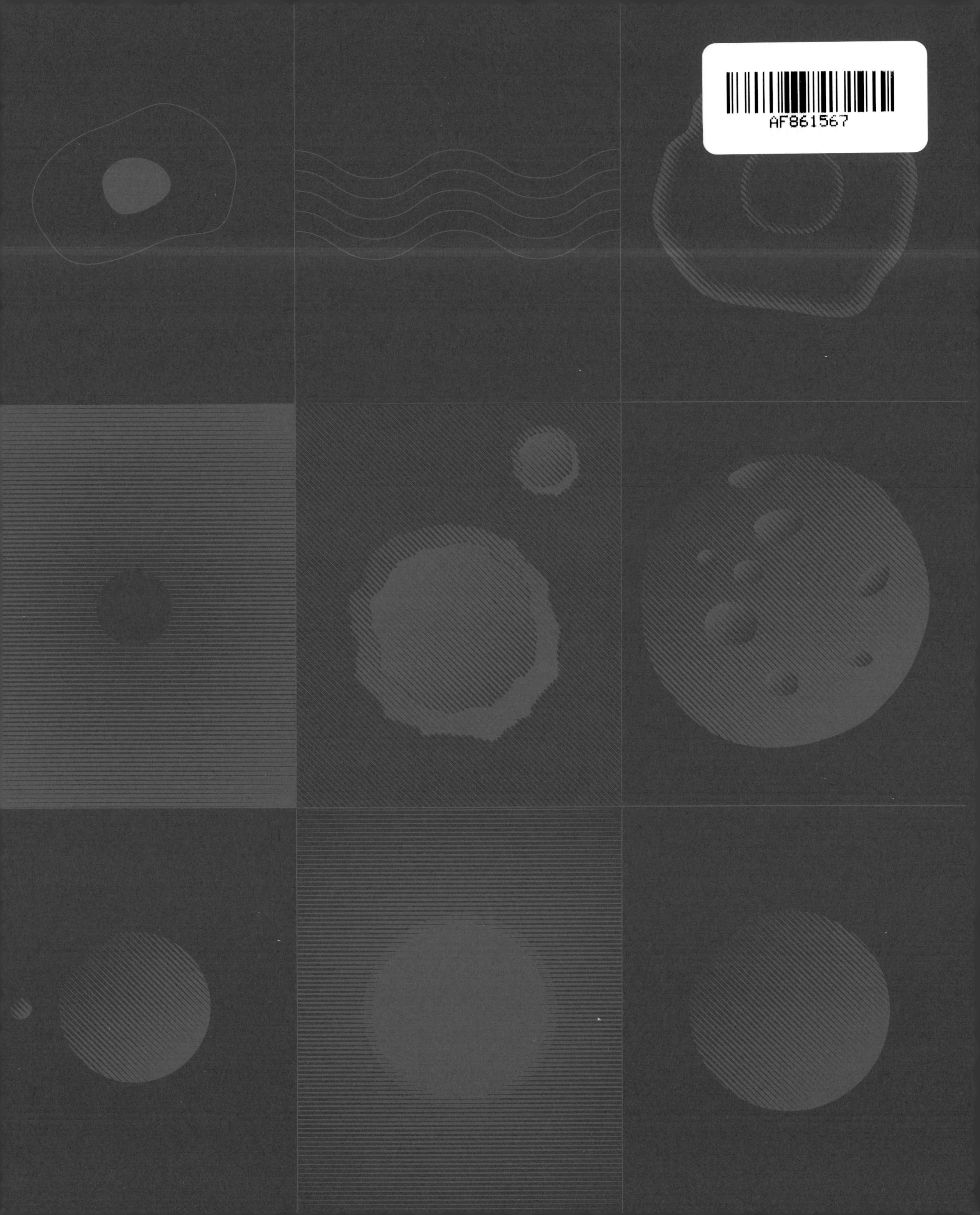

LE SOLEIL

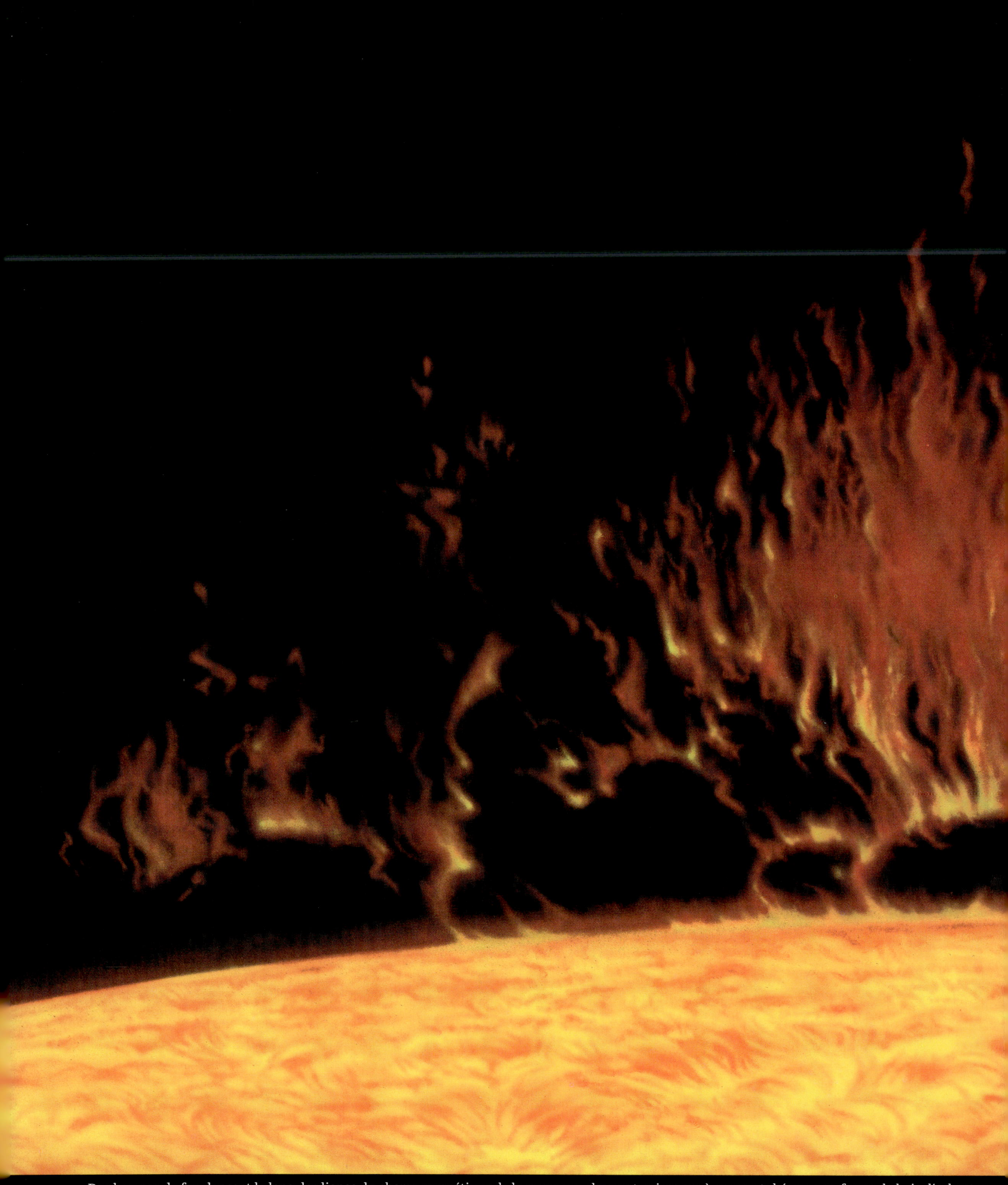

Des langues de feu dansent le long des lignes du champ magnétique de la couronne, donnant naissance à une protubérance en forme de haie d'arbustes.

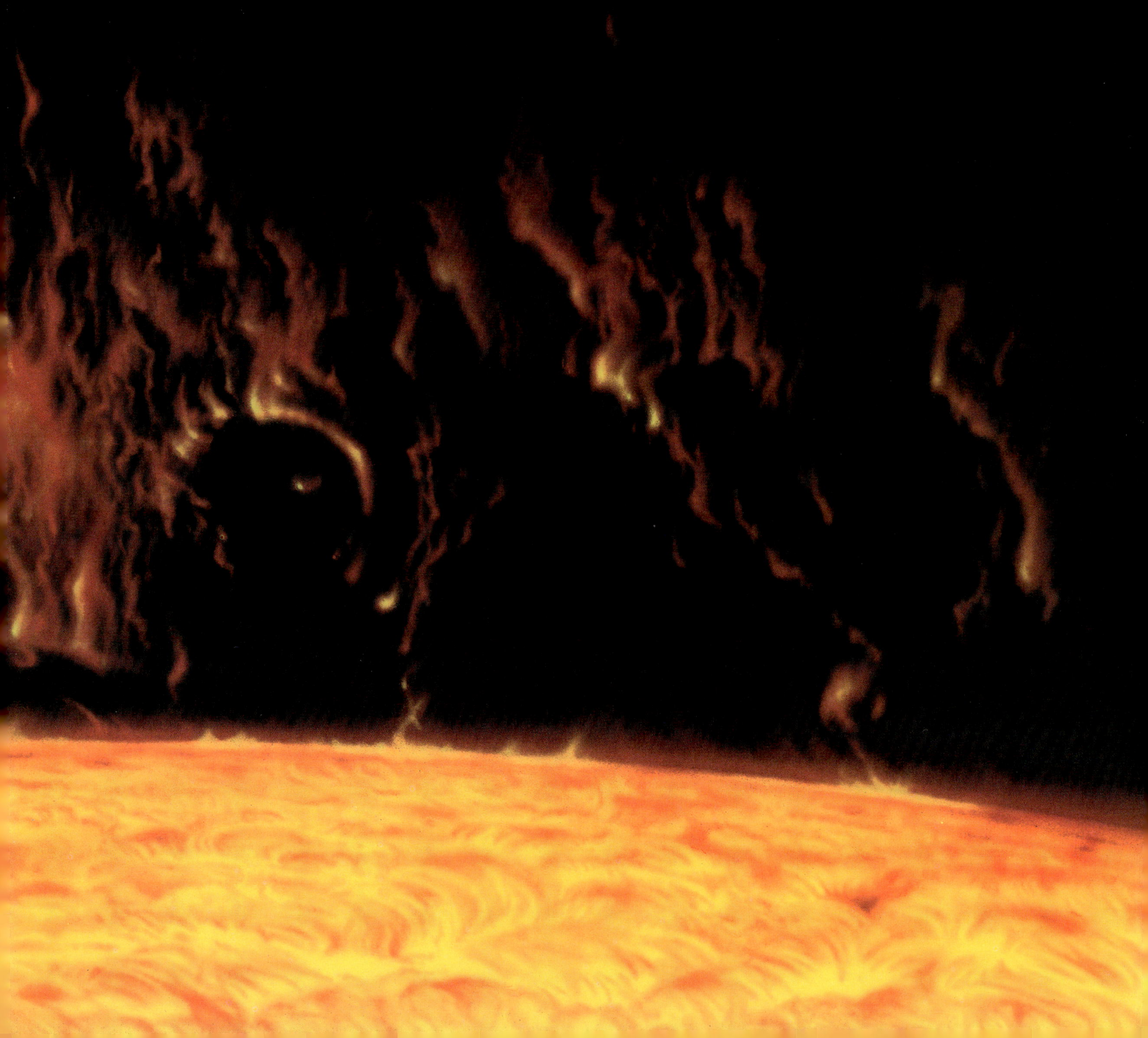

TIME
LIFE

VOYAGE À TRAVERS L'UNIVERS
LES ENFANTS DÉCOUVRENT...
CHEFS-D'ŒUVRE DE LA PEINTURE
LES MYSTÈRES DE L'INCONNU
TIME-LIFE HISTOIRE DU MONDE
BONNE FORME, SANTÉ ET DIÉTÉTIQUE
LA BONNE CUISINE SANTÉ
LE MONDE DES ORDINATEURS
PEUPLES ET NATIONS
L'ENCYCLOPÉDIE TIME-LIFE DU BRICOLAGE
LA PLANÈTE TERRE
LA GRANDE AVENTURE DE LA MER
CUISINER MIEUX

Ce volume fait partie d'une collection
qui présente l'Univers sous tous ses aspects,
depuis ses débuts, avec le Big-Bang,
jusqu'aux prometteuses explorations
spatiales du XXe siècle.

VOYAGE À TRAVERS L'UNIVERS

LE SOLEIL

PAR LES RÉDACTEURS DES ÉDITIONS TIME-LIFE
ÉDITIONS TIME-LIFE, AMSTERDAM

TABLE DES MATIÈRES

1/La face du Soleil

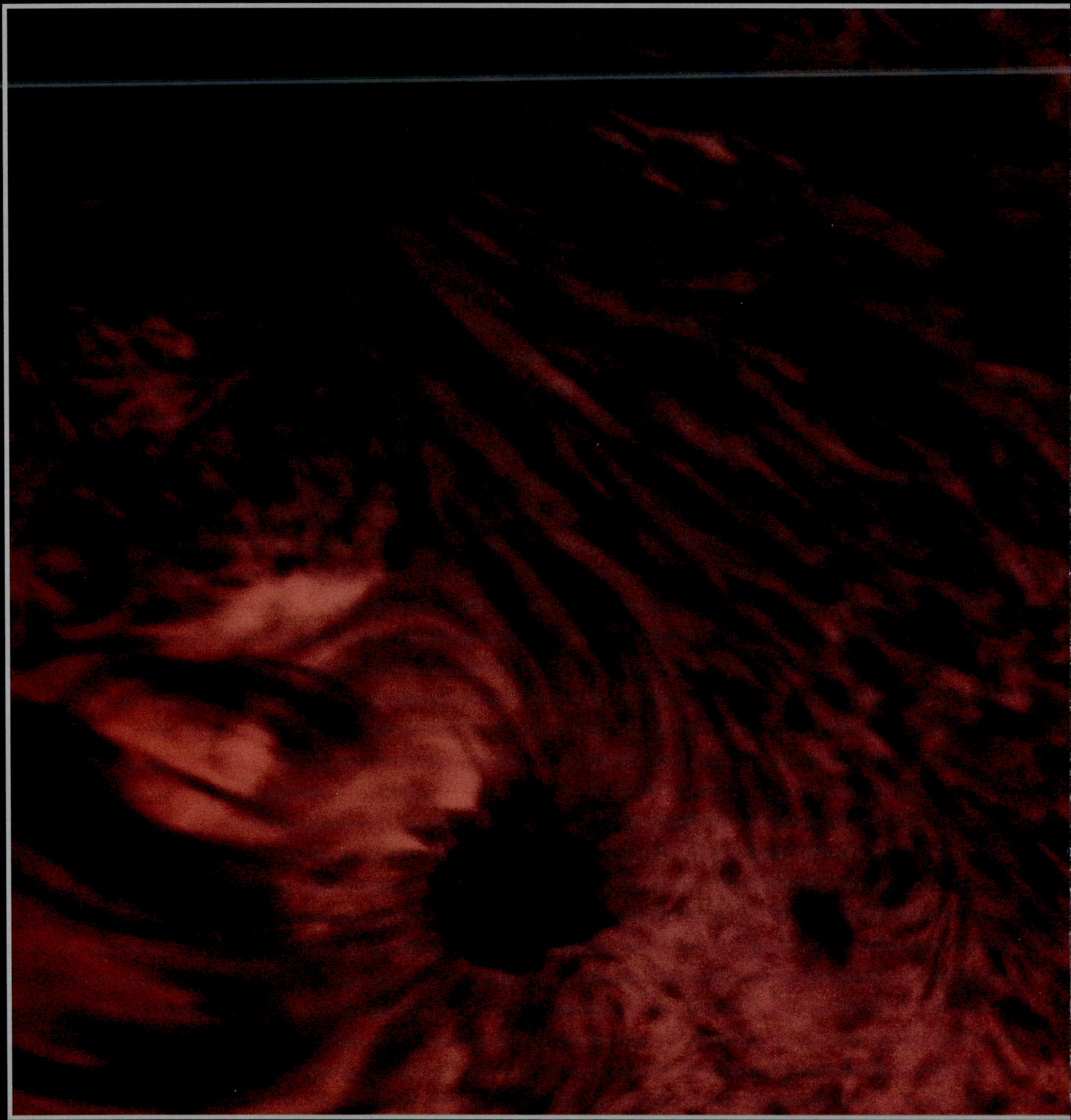

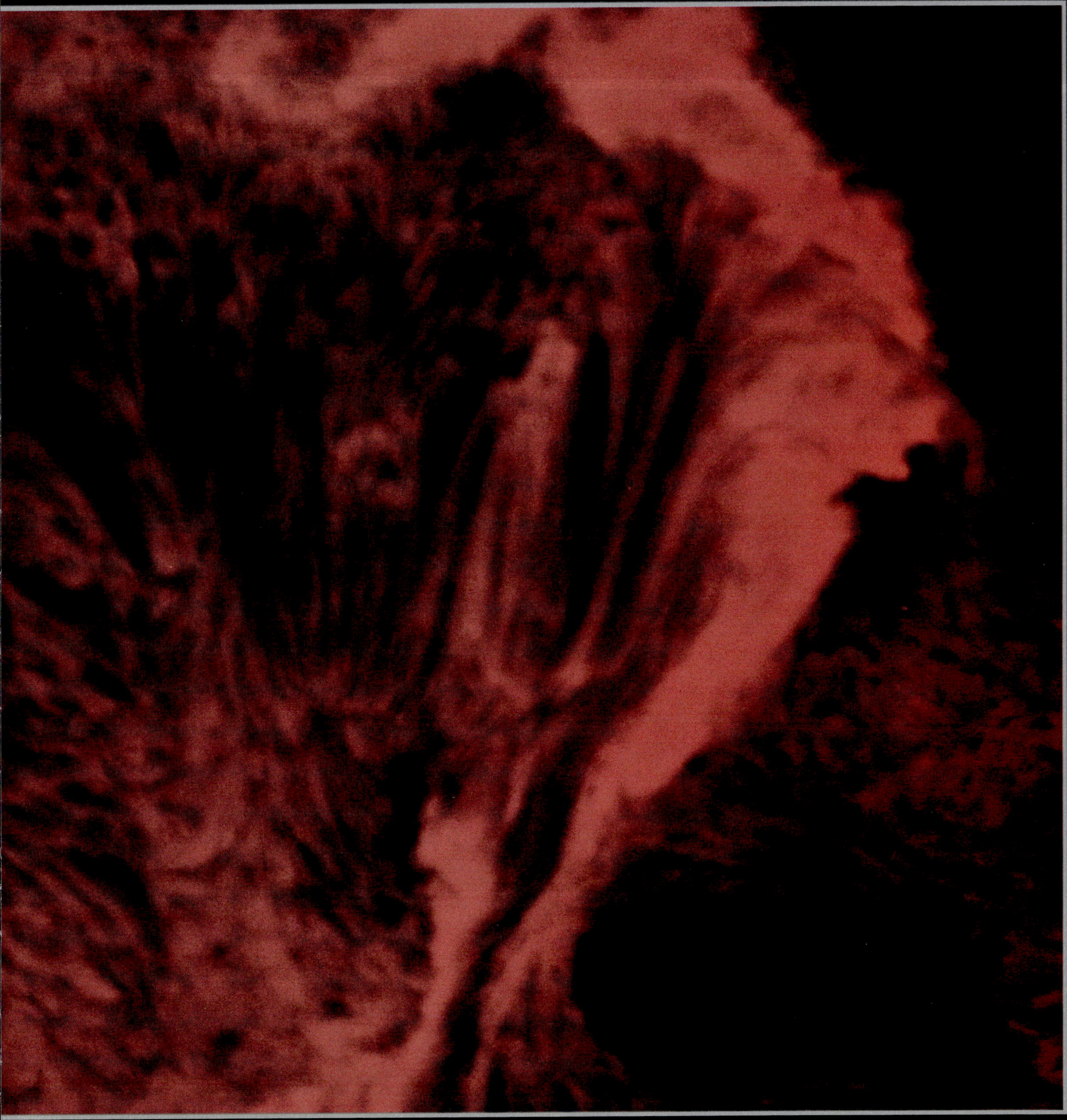

Agité d'éruptions gazeuses appelées protubérances et constellé de taches sombres, le Soleil révèle son caractère agité dans cette image captée par un instrument réglé sur la longueur d'onde de la raie alpha de l'hydrogène — caractérisée par une couleur rouge.

Au cœur du Soleil a pris naissance, il y a quelque 30 000 ans, le processus fondamental qui gouverne aujourd'hui toute la vie de notre planète; il se répète au rythme de plusieurs milliers de milliards de fois par seconde. Écrasés sous la pression énorme due à la masse de l'étoile, quatre atomes d'hydrogène ont amorcé une chaîne complexe de réactions de fusion dont les produits finaux ont été un atome d'hélium et des bouffées d'énergie se manifestant principalement sous forme de rayons gamma de très haute fréquence, donc de très courte longueur d'onde. Le transfert des ondes gamma vers la surface solaire a été ralenti par d'innombrables collisions avec les noyaux et les électrons libres constituant le gaz fantastiquement chaud et dense du Soleil. Chaque collision a diminué la fréquence du rayonnement gamma, la décalant vers les fréquences des rayons X et ultraviolets, puis vers celles de la lumière visible. Enfin, après environ huit minutes-lumière, ces paquets d'énergie ont percé la surface du Soleil et se sont répandus dans l'espace. La lumière solaire qui atteint actuellement la Terre constitue une énergie engendrée à une époque où les humains combattaient les tigres à dents de sabre avec des armes en pierre.

Bien que moins d'un demi-millardième de l'énergie totale du Soleil baigne chaque seconde notre planète, ces quelques miettes suffisent à nourrir et alimenter le globe tout entier. À mesure que la chaleur absorbée à l'équateur est transportée vers les pôles plus froids par les courants atmosphériques, l'eau des océans s'évapore pour former des nuages et donner de la pluie; de vastes fleuves marins — comme le Gulf Stream dans l'océan Atlantique ou le courant du Pérou dans le Pacifique — tempèrent le climat des rivages qu'ils frôlent. L'averse de rayons solaires déclenche également la photosynthèse au sein des molécules de chlorophylle des feuilles vertes, réaction qui produit les hydrates de carbone constituant la base de la vie terrestre *(pages 91-99).*

Les hydrates de carbone s'intègrent à la chaîne alimentaire, nourrissant les herbivores, puis les carnivores et les omnivores tels les êtres humains. Les plantes qui échappent à ce cycle de consommation finissent toujours par restituer l'énergie solaire emmagasinée: les carburants fossiles utilisés aujourd'hui dans les usines, pour le chauffage ou les automobiles, ne sont rien d'autre que les résidus d'une végétation ancienne, transmutée par des millénaires de compression souterraine.

Aussi fiable que paraisse le Soleil, il se révèle être une source d'énergie variable. Analysant les données recueillies depuis 1980 par le satellite de la NASA «Solar Maximum Mission», les scientifiques ont conclu qu'il s'affaiblit légèrement — 0,1 pour cent environ — lorsque des groupes de taches sombres et froides ternissent sa surface. Mais, en moyenne, le Soleil augmente d'éclat au début du cycle d'activité des taches, qui dure onze ans, et s'affaiblit à l'approche du nadir de ce cycle, appelé minimum solaire.

Tout un éventail de manifestations supplémentaires témoigne de la puissance et de l'imprévisibilité de notre étoile. Les éruptions solaires expulsent violemment des milliards de tonnes de gaz et des protubérances incandescentes s'élèvent dans l'espace à trois millions de kilomètres au-dessus de la surface, crachant parfois du gaz dans l'espace interplanétaire, le récupérant quelquefois par le jeu des forces magnétiques. Par les ouvertures du champ magnétique situées dans sa couche atmosphérique externe — une mince zone chaude appelée couronne — le Soleil dégorge un puissant courant de particules chargées, le «vent solaire», qui balaie tout le système solaire. Sur Terre, par exemple, les particules énergétiques du vent solaire tourbillonnent sans cesse dans l'atmosphère de la planète et illuminent le ciel nocturne d'aurores colorées. Et lors d'une violente éruption le vent solaire est si puissant qu'il peut perturber les réseaux électriques à haute tension et plonger des régions entières dans l'obscurité.

IMAGES D'UNE ÉTOILE

Bien avant que les scientifiques eussent véritablement compris la façon dont la Terre dépend du Soleil, diverses civilisations anciennes — dont les Égyptiens, les Grecs et les Romains — révéraient l'orbe brillant du Soleil tel un dieu bénéfique dispensateur de vie et de lumière. Dans les forêts de Grande-Bretagne et de Gaule, les prêtres celtiques célébraient des rituels pour ranimer le Soleil déclinant de l'automne, cueillant le gui et allumant des feux pour restaurer la force de l'astre.

Allant de pair avec ce besoin instinctif de culte naquit la soif d'étudier et

Sur le schéma ci-dessous, la Terre se réduit à une simple tache comparée à l'immense disque du Soleil. Bien que les dimensions de celui-ci soient plutôt modestes selon les standards stellaires, son diamètre — 1 400 000 km — est 110 fois supérieur à celui de notre planète.

de comprendre. Au VIe siècle av. J.-C., les disciples du mathématicien grec Pythagore avancèrent que la Terre tournait autour d'un «feu central» en vingt-quatre heures ; selon les pythagoriciens, un compagnon orbital proche de la Terre, appelé anti-Terre, faisait périodiquement écran au feu central. Mais, moins de deux siècles plus tard, Aristote convertit la plupart des astronomes de l'Antiquité à sa vision d'une Terre immobile au centre de l'univers, les corps mineurs, dont le Soleil, dansant autour d'elle. (Aristote pensait aussi que le Soleil était du feu absolument pur.) Cette vision géocentrique prévalut jusqu'à la Renaissance, quand le chanoine polonais Nicolas Copernic établit que la Terre tourne autour du Soleil.

Tandis qu'une école d'astronomes tentait de déterminer la place du Soleil dans la hiérarchie céleste, une autre s'efforçait de déterminer sa composition. Au Ve siècle av. J.-C., Anaxagore — philosophe et astronome grec — affirma que le Soleil était une «masse de métal chauffé au rouge». Ce concept ne fut guère contesté jusqu'à la veille du XIXe siècle, quand l'astronome britannique William Herschel postula que le Soleil était un corps solide et obscur, enveloppé de nuages lumineux et peuplé d'habitants «adaptés aux

Quelques précautions pour observer le Soleil

Les astronomes qui passent des heures à observer le Soleil prennent bien soin de protéger leurs yeux. Ils ne le fixent jamais ; même un bref coup d'œil serait douloureux et pourrait définitivement endommager la vue. Les télescopes et les jumelles présentent un danger potentiel encore plus grand, concentrant les rayons du Soleil à la façon d'une loupe, et l'exposition à un éclat aussi intense constitue un risque de cécité.

Pour les non-professionnels, la meilleure façon d'étudier le Soleil en détail est la technique dite de projection. L'observateur doit entourer d'un collier de carton la lentille de son télescope ou l'un des deux oculaires de ses jumelles (l'autre étant hermétiquement occulté). L'image solaire peut alors être projetée en pointant l'objectif vers le Soleil — en prenant bien garde de ne jamais observer directement l'astre — et en focalisant le faisceau de lumière sur une feuille de papier blanc placée dans une pièce obscure. Un nombre surprenant de détails surgit alors de l'image projetée, parmi lesquels les taches sombres et les zones brillantes appelées facules.

Pour l'observation directe du Soleil, le seul dispositif pouvant faire écran aux dangereux rayons solaires est un filtre noir spécial. Les filtres qui arrêtent la lumière de la photosphère dans toutes les longueurs d'onde sauf celle de la raie alpha de l'hydrogène permettent d'observer la chromosphère et les facules, filaments, protubérances et éruptions qui y prennent naissance. (Les amateurs peuvent comparer leurs résultats à ceux des astronomes professionnels par l'intermédiaire de l'Association américaine des observateurs d'étoiles variables, à Cambridge, Massachusetts.)

Les observations d'éclipses exigent également des précautions. Bien que la Lune occulte tout ou partie du disque solaire, il reste suffisamment de lumière pour que l'observation directe soit extrêmement dangereuse — même à travers un verre fumé. La technique correcte consiste à recouvrir d'une feuille d'aluminium l'une des extrémités d'un tube en carton, à percer la feuille avec une épingle et, à travers ce minuscule orifice, à projeter l'image de l'éclipse sur une feuille de papier blanc.

conditions particulières de ce vaste globe». Enfin, grâce aux percées technologiques des XIXe et XXe siècles, une image plus exacte du Soleil commença à s'imposer. Aujourd'hui, les physiciens spécialistes de l'astre du jour savent, par exemple, que notre astre est un objet céleste plutôt banal. Si toutes les étoiles étaient alignées dans un champ et réduites proportionnellement, la plus petite ayant la taille d'un grain de sable, la plus grande serait comparable à un dôme de 100 mètres de hauteur. Quant au Soleil, comme la plupart des autres étoiles, il aurait la taille d'un ballon de basket.

La luminosité du Soleil est aussi moyenne que sa taille; s'il n'était pas aussi proche de nous, il serait éclipsé par les autres étoiles. L'étoile Polaire est 6 000 fois plus brillante que lui, et l'étoile Rigel, dans la constellation d'Orion, émet 15 000 fois plus d'énergie. Le Soleil possède également une masse moyenne; la plupart des étoiles ont une masse comprise entre 0,1 et 10 fois celle de l'astre du jour.

Aussi peu spectaculaire soit-il à l'échelle de l'univers, le Soleil demeure un corps de proportions stupéfiantes au regard des observateurs terrestres.

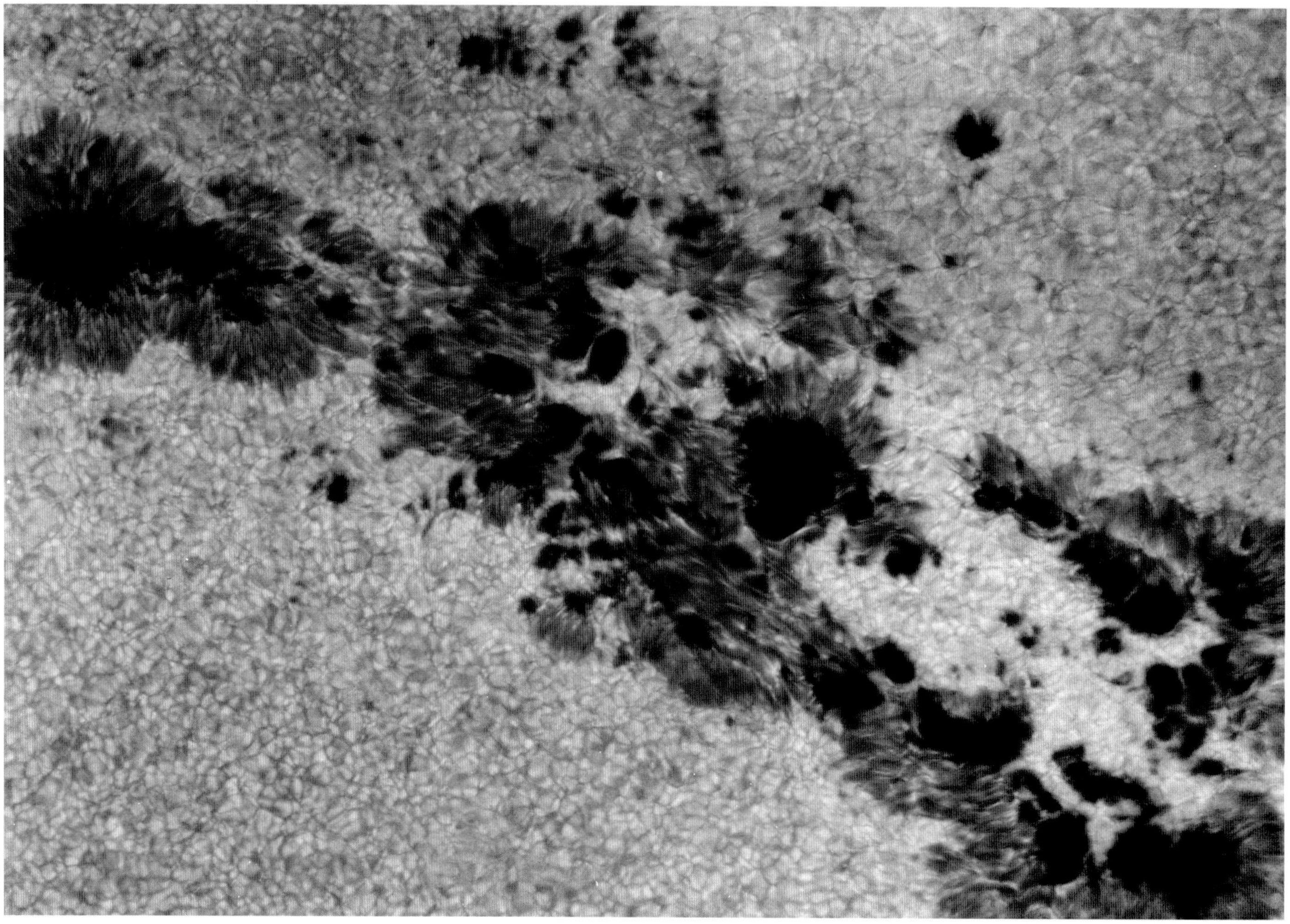

Avec son diamètre de quelque 1 400 000 km, cette boule ardente d'hydrogène et d'hélium surchauffés rassemble 99,9 pour cent de toute la matière du système solaire et pourrait contenir un million de globes terrestres.

Les scientifiques commencent à peine à apprécier la complexité de son comportement. Ils ont par exemple découvert que le cœur du Soleil ne tourne pas à la même vitesse que sa surface et que l'étoile tout entière peut vibrer comme une énorme cloche. Ces oscillations prennent naissance à différents niveaux de la complexe architecture solaire, depuis la zone de convection, juste au-dessous de la surface, jusqu'au cœur, qui peut atteindre des températures de 15,5 millions de degrés Kelvin, en passant par la zone radiative des couches médianes.

Les physiciens rassemblent les statistiques de l'activité solaire pour prédire son comportement, mais tentent également de retracer son origine. Selon eux, notre étoile a commencé à se former il y a de cela 4,6 milliards d'années, lorsque l'onde de choc issue d'une explosion de supernova a déclen-

Entouré de brillants granules de gaz surchauffé surgi des profondeurs, un groupe de taches s'étire sur la photosphère — couche visible du Soleil. Les taches pouvant aisément s'observer depuis la Terre, les astronomes ont pu consigner leurs variations depuis plusieurs siècles. Dans cette chaîne de taches, observée le 15 novembre 1970 et se déployant sur 90 000 km à la surface du Soleil, les plus grandes ont chacune la taille de la Terre.

ché, par effondrement, la formation d'un cœur dense au sein d'un nuage de poussière cosmique. Au fur et à mesure que du gaz et de la poussière se sont déposés sur ce noyau, la gravité a élevé la température et la pression internes à des valeurs toujours plus fortes, jusqu'à ce que la fusion thermonucléaire se déclenche, à environ 11 millions de degrés. Depuis, les réactions de fusion alimentent le Soleil et continueront à le faire pendant encore 5 milliards d'années au moins.

La seule région de cette étoile qui soit visible de la Terre est son atmosphère, enveloppe constituée de trois couches aux températures et aux comportements distincts. N'ayant à leur disposition que des instruments optiques, les premiers astronomes étudièrent tout d'abord ces trois couches. La plus profonde est la plus facile à observer. Considérée comme la surface du Soleil proprement dite, c'est une zone très lumineuse de 300 km de profondeur, appelée photosphère et constituée d'hydrogène et d'hélium gazeux brillant, à des températures comprises entre 6 000 et 10 000 degrés Kelvin. La photosphère est si lumineuse qu'elle dissimule généralement les deux couches supérieures — la chromosphère et la couronne.

Il a fallu attendre le développement du spectrographe, instrument qui sépare les longueurs d'onde de la lumière solaire pour les analyser en détail, et celui du coronographe, occultant la photosphère de façon que la chromosphère et la couronne puissent se profiler autour, pour que les astronomes réussissent à observer les étages supérieurs de l'atmosphère solaire en l'absence d'éclipse totale. Ces instruments permirent d'observer pour la première fois la nature étrange et violente de la haute atmosphère solaire. La chromosphère doit son nom à son rouge ardent lorsqu'elle est observée au spectroscope; presque deux fois plus chaude que la photosphère, elle est le siège de quelques-unes des manifestations les plus spectaculaires du Soleil. La couronne recèle les températures plus élevées de toutes les régions du Soleil, à l'exception du cœur, et forme une draperie chatoyante s'étendant sur au moins trois millions de kilomètres au-dessus de la chromosphère.

LES TACHES SOLAIRES

Les astronomes ayant, à l'origine, porté leur attention sur la photosphère, les taches furent le premier phénomène intensivement étudié. Théophraste d'Athènes déclara avoir vu des taches sur le Soleil en 300 av. J.-C. et, à peu près à la même époque, l'astronome chinois Kan Te commença à consigner ses propres observations des taches. Les tempêtes de poussière qui balaient les plaines du nord de la Chine obscurcissent les étoiles du ciel nocturne et, durant la journée, elles affaiblissent la lumière du Soleil, juste assez pour que celui-ci puisse être observé à l'œil nu — avec ses taches — sans danger pour l'œil. Entre 28 av. J.-C. et 1638 de notre ère, les astronomes chinois enregistrèrent ainsi cent douze apparitions de taches.

En 1610, peu de temps après l'apparition de la lunette, quelques astronomes observèrent le Soleil; il en fut ainsi de Fabricius, du père Scheiner, de Thomas Harriot et, bien sûr, de Galilée.

Ce dernier remarqua une série de taches sombres, qui parsemèrent le disque solaire lors d'une procession de quelque deux semaines, et il interpréta leur déplacement comme une conséquence du mouvement de rotation du Soleil qui se trouvait ainsi confirmé. À partir de cette époque, les observations de la surface du Soleil se multiplièrent et, au cours des décennies suivantes, des douzaines d'observateurs se mirent à recenser systématiquement les taches apparaissant sur l'astre du jour.

Le premier astronome qui comprit l'importance du rythme régissant le comportement des taches solaires était un amateur. Heinrich Schwabe étudia la pharmacologie à l'université de Berlin, entre 1810 et 1812, mais il était surtout intéressé par les sciences naturelles, en particulier la botanique, la minéralogie et l'astronomie. Il serait cependant sûrement resté toute sa vie un dilettante sans un coup de chance : en 1825, Schwabe revint dans sa ville natale de Dessau pour s'occuper de la pharmacie familiale et gagna dans une loterie un télescope de bonne qualité ; entre deux prescriptions, il prit l'habitude de s'installer à son instrument pour observer le Soleil.

Quatre ans plus tard, stimulé par le compte rendu de la découverte d'Uranus par William Herschel en 1781, Schwabe vendit sa pharmacie et s'efforça de découvrir sa propre planète. Nombre de ses contemporains avaient postulé l'existence d'une planète nommée Vulcain, supposée orbiter entre Mercure et le Soleil ; Schwabe espérait capter l'image du corps fugitif aux moments où celui-ci passerait périodiquement devant le disque solaire. Mais il devait auparavant différencier l'ombre d'une planète projetée sur le Soleil et les taches solaires elles-mêmes. Sa recherche l'amena à un résultat surprenant. En 1843, après dix-sept années d'observation assidue de l'astre, Schwabe annonça que le nombre de taches augmente et diminue selon un cycle de 10,4 années (corrigé plus tard à 11 années). La période de plus grande activité est appelée aujourd'hui maximum solaire, et la période calme minimum solaire. Malgré son échec relatif à Vulcain, Schwabe fut si satisfait qu'il déclara un jour : « Je peux me comparer à Saül, qui partit à la recherche de l'âne de son père et trouva un royaume. »

C'est en observant le Soleil de 1853 à 1861 qu'un autre astronome amateur britannique, Richard Carrington, découvrit de nouveaux aspects du comportement des taches : non seulement elles naissent et meurent à intervalles réguliers, mais elles migrent de facon systématique vers l'équateur solaire.

Carrington est né en 1826, dans une riche famille de brasseurs. Il commença ses études au Trinity College, dans la discipline choisie par son père, la théologie. Il eut alors l'occasion d'assister à une série de cours d'astronomie donnée par le professeur James Challis, directeur de l'observatoire de Cambridge ; il fut captivé par le sujet au point qu'il en abandonna la théologie. Après avoir obtenu son diplôme en 1848, Carrington entra à l'observatoire de l'université de Durham. Il fut très vite déçu par l'extrême modicité des crédits alloués pour l'achat d'instruments de qualité. Les astronomes ont, de tout temps, connu ce genre de frustration ; quant à Carrington, sa fortune personnelle lui permit d'en venir à bout ; il fit, en 1853, construire un observatoire magnifiquement équipé dans une localité nommée Redhill.

Au cours de dix-huit années d'observation du Soleil, Carrington y consigna méticuleusement, jour après jour, la position des taches. Dans un article publié en 1863, il montra que les taches prennent naissance dans deux larges bandes du disque solaire, l'une occupant la région comprise entre 20 et 40 degrés de latitude, au nord de l'équateur solaire, l'autre une bande symétrique dans l'hémisphère Sud (ces valeurs furent ultérieurement ramenées à 30 et 35 degrés de latitude solaire). Carrington démontra en outre qu'au cours du cycle solaire de 11 années la latitude initiale des taches dérive progressivement vers l'équateur; seules très peu d'entre elles parviennent dans la bande étroite comprise entre 0 et 5 degrés puis elles disparaissent. Alors le schéma se répète: les taches solaires resurgissent aux latitudes hautes et entament un nouveau cycle de 11 années, chaque nouvelle tache se rapprochant lentement de l'équateur solaire.

Carrington révéla également que les taches solaires de latitude haute mettent environ trente jours pour accomplir un tour complet du Soleil (nombre calculé en multipliant par deux le temps de traversée de l'hémisphère solaire visible de la Terre), alors que celles proches de l'équateur ne mettent que vingt-sept jours. Cela signifie que les différentes parties de la surface du Soleil tournent autour de son axe à des vitesses différentes, phénomène que l'on appelle de nos jours rotation différentielle. En 1861, Carrington fixa la durée de la rotation solaire moyenne à 27 ou 28 jours; il se prit à espérer que sa découverte lui vaudrait le poste de directeur de l'observatoire de Cambridge, bientôt vacant du fait du sépart de Challis. Mais, apprenant la

Coiffés de casques coloniaux, des astronomes de l'observatoire de Lick, à San Jose (Californie), se préparent pour l'éclipse totale du Soleil à Jeur (Inde) le 22 novembre 1898. Le télescope solaire de l'expédition, baptisé «Jumbo», est pointé vers le ciel. Long de 12 m, il servit à observer la quasi-totalité des éclipses de Soleil entre 1893 et 1931 — date à laquelle le développement du coronographe permit aux astronomes d'examiner la couronne — couche supérieure de l'atmosphère solaire — en l'absence d'éclipse.

En adaptant l'utilisation du spectroscope dans les années 1860, l'astronome amateur britannique Joseph Lockyer *(à gauche)* put effectuer des croquis détaillés des protubérances solaires, telle celle-ci, qu'il vit jaillir du limbe le 14 mars 1869. Les astronomes rechignèrent devant «l'attitude possessive» avec laquelle Lockyer annonça ses découvertes sur l'atmosphère du Soleil. Le physicien écossais James Clerk Maxwell composa même à son propos ces vers de mirliton : «Il se croit propriétaire / De la couronne solaire.»

nomination de John Couch Adams, le mathématicien-astronome qui découvrit Neptune — comme le fit, parallèlement, le Français Le Verrier — sombra dans une telle dépression qu'il vendit l'observatoire de Redhill pour ne plus se consacrer qu'à la brasserie familiale. Mais l'attraction des astres fut la plus forte; quatre ans plus tard, Carrington avait installé un nouvel observatoire au sommet d'une colline du Surrey, d'où il continua à scruter le ciel jusqu'à sa mort, qui devait survenir en 1875.

LA SPHÈRE COLORÉE

À ces premières études du Soleil manquait un examen minutieux de la chromosphère. Cette omission découlait simplement d'un élément: comparée à la brillante photosphère située en dessous, la chromosphère n'émet qu'une très faible quantité de lumière. Elle n'est donc visible à l'œil nu qu'en certaines circonstances exceptionnelles — en particulier lors des éclipses totales de Soleil, lorsque le disque de la Lune masque la photosphère et permet à la chromosphère d'émerger sous forme d'un mince anneau rouge vif entourant la silhouette lunaire.

Les astronomes modernes n'ont plus besoin d'attendre de tels événements car ils disposent de toute une panoplie de détecteurs solaires sophistiqués. Au sol, des radiotélescopes ont pour mission de collecter les émissions radioélectriques de la chromosphère, alors que dans l'espace des télescopes embarqués sur satellite mesurent la production de la chromosphère en rayons ultraviolets, en rayons X et gamma (la majeure partie de ces rayonnements, absorbée par l'atmosphère terrestre, n'atteint pas le sol de la Terre).

Cet arsenal a permis aux scientifiques de dresser un catalogue complet des effets chromosphériques. Ils incluent notamment des courants éphémères de gaz chaud appelés spicules, s'élevant à 10 000 km au-dessus de la chromosphère; bien que chaque spicule ne survive que quelques minutes, on peut à tout moment en compter 25 000 dansant à la surface du Soleil. Les protubérances sont encore plus impressionnantes; crachant des boucles de gaz brillant au-dessus des taches actives, elles percent la voûte de la chromosphère et pénètrent profondément dans la couronne. Certaines, appelées protubérances quiescentes, forment des arches décoratives de forme constante pendant des semaines ou des mois avant de s'effondrer; d'autres, les protubérances éruptives, explosent au-dessus de la chromosphère en une pluie de lambeaux gazeux. Enfin, des structures nuageuses claires, appelées facules, planent au voisinage des groupes de taches; on les appelle aussi «plages», car elles ressemblent à des étendues de sable brillant se détachant nettement sur le fond plus sombre de la chromosphère.

Les astronomes du XIXe siècle ne pouvaient espérer noter de tels phénomènes qu'au moment des éclipses, et ces observations étaient difficiles. Tout d'abord, les éclipses totales de Soleil se produisent moins de une fois par an: il n'y en aura que huit entre 1990 et l'an 2000. Ensuite, elles ne sont souvent visibles qu'à partir de sites lointains, tels le milieu d'un océan ou de la toundra arctique. Les astronomes de l'ère victorienne devaient donc démonter leurs délicats instruments, utiliser des moyens de transport rudimentaires pour les acheminer vers des lieux désolés, réassembler les pièces détachées sans aucune assistance technique et travailler exposés au vent et aux intempéries. Enfin, rien ne garantissait que l'éclipse allait effectivement pouvoir être observée: la pluie, un ciel couvert ou même l'apparition de quelques nuages inopportuns pouvaient facilement réduire à néant tous les efforts.

Tous ces obstacles incitèrent les savants à chercher des méthodes plus commodes pour observer la chromosphère et ses manifestations visibles. La première fut le fait d'un astronome amateur britannique, Joseph Lockyer, qui avait débuté comme employé au London's War Office en 1857. La guerre de Crimée avait subitement gonflé le personnel du ministère et nombre d'emplois étaient devenus des sinécures. L'horaire de Lockyer, 10 heures-16 heures, incluait un déjeuner décontracté et une promenade dans le parc.

Cette paisible activité lui donna tout loisir de s'adonner à ses deux passe-temps favoris: la littérature et l'astronomie. Il publia même un livre intitulé *Les règles du golf,* mais les étoiles l'attiraient par-dessus tout.

LE SOLEIL DÉCODÉ

Comme nombre de ses confrères du début des années 1860, Lockyer eut conscience que le centre d'intérêt de l'astronomie avait évolué de l'infiniment grand vers l'infiniment petit, point de vue en grande partie suscité par une découverte récente de deux savants allemands, le physicien Gustav Kirchhoff et son collègue chimiste Robert Bunsen. En 1859, ils démontrèrent que tout élément chimique porté à incandescence émet un motif unique de raies colorées et brillantes sur certaines longueurs d'onde du spectre de la lumière visible. Kirchhoff prouva ensuite que chaque élément pouvait absorber les mêmes longueurs d'onde de la lumière solaire, produisant des raies sombres d'absorption sur un fond d'émission continu et brillant. Les raies sombres du spectre solaire avaient constitué une énigme pendant près de soixante ans, mais le mystère était désormais résolu: certaines longueurs d'onde de la lumière provenant des couches profondes sont absorbées par les gaz de l'atmosphère solaire. Kirchhoff réussit à identifier dans l'atmosphère solaire au moins six éléments connus sur Terre, en particulier le sodium, le calcium et le fer.

L'outil de base du décodage de ces éléments fut le spectroscope, constitué d'un prisme monté devant une lentille de télescope. Jusqu'à Joseph Lockyer, le spectroscope avait été utilisé pour étudier la lumière émise par l'ensemble du disque solaire. L'intuition de Lockyer lui souffla que cet appareil pourrait être adapté à l'étude de détails isolés de la surface solaire. En 1866, il trouva une façon simple d'y parvenir: il projeta une image télescopique du Soleil sur un écran, dans lequel il découpa une mince fente, canalisant ainsi la lumière en direction de son spectroscope. Pouvant positionner l'écran de façon que la fente admette la lumière tantôt d'une tache, tantôt de la photosphère, il compara l'intensité des raies spectrales issues des deux régions. Les raies variant d'intensité selon la température, Lockyer démontra que les taches solaires sont plus froides que la surface solaire environnante.

George Hale, fondateur de l'observatoire du mont Wilson, près de Pasadena (Californie), contrôle un spectrographe monté à l'extrémité du télescope de 18 m. L'étude qu'il effectua en 1908 sur les images solaires recueillies par son spectrographe l'amenèrent à conclure que les taches sont traversées par de puissants champs magnétiques.

Cela le conduisit à se demander si sa technique pouvait permettre de révéler d'autres caractéristiques du Soleil. «Le spectroscope nous offre peut-être la preuve de l'existence de ces flammes rouges que les éclipses totales ont révélées dans l'atmosphère du Soleil mais qui échappent à toutes les autres méthodes d'observation», écrivit-il dans un article de 1866. Lockyer supposa que ces «flammes rouges» — aujourd'hui connues sous le nom de protubérances — sont constituées de gaz chaud émettant un motif caractéristique de raies brillantes bien définies. Le 17 octobre 1868, il commença à observer la lumière émise juste au-dessus du limbe solaire, dans l'espoir qu'une protubérance serait révélée par son spectre d'émission.

Trois jours plus tard, Lockyer en trouva la configuration au spectroscope installé dans le jardin de sa maison à Wimbledon. Il allait ainsi relater les faits: «J'ai vu soudain une raie brillante s'éclairer, mais mon œil était alors si fatigué que j'ai d'abord douté de son existence — bien que je me sois intérieurement exclamé: "Enfin!" Abandonnant le télescope, je suis allé chercher ma femme afin de la voir confirmer mes observations.» Lockyer fut ainsi le premier à observer une protubérance solaire en pleine lumière du jour.

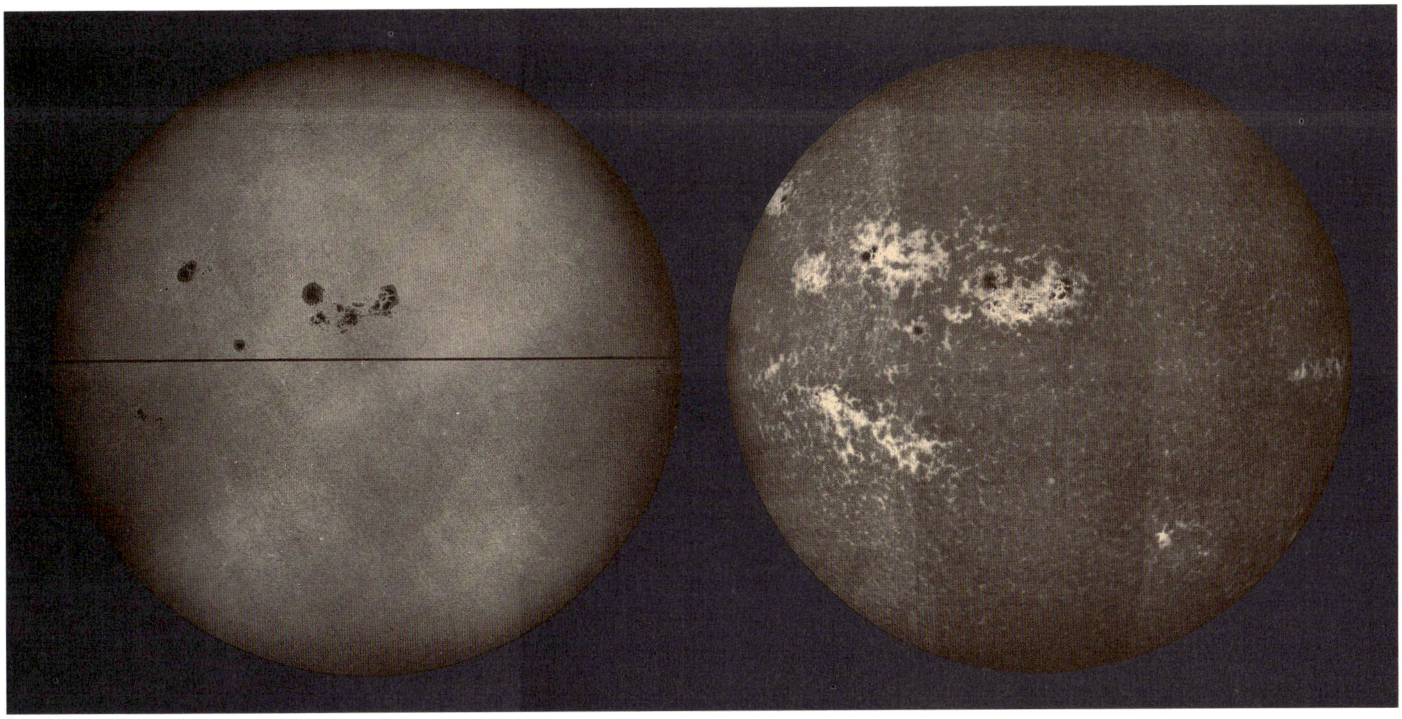

Mises côte à côte, ces images du disque solaire prises en 1907 démontrent l'efficacité de l'invention de George Hale, un spectrographe modifié appelé spectrohéliographe. La photographie de gauche, prise en lumière visible, montre un groupe de taches solaires se dessinant nettement sur le fond terne du disque solaire. Celle de droite a été prise le même jour par un spectrohéliographe ne laissant passer que la lumière émise par les atomes de calcium, dans une bande étroite du spectre solaire; elle révèle de nouvelles structures telles que les facules — zones brillantes en suspension au-dessus des taches.

À partir des caractéristiques des raies observées, il conclut que les protubérances sont essentiellement composées d'hydrogène, avec quelques traces d'autres gaz. Après un mois d'observation continue, il réussit à démontrer que ces fameuses protubérances solaires appartiennent à une atmosphère extérieure étendue qu'il baptisa chromosphère.

L'ÉNIGME DE L'HÉLIUM

Un examen plus approfondi du spectre des protubérances conduisit Lockyer à une seconde découverte importante qui allait déclencher quelque trente ans de controverse sur la constitution du Soleil. Analysant au spectroscope la lumière émise par diverses protubérances, Lockyer releva une troisième raie spectrale de couleur jaune, proche des deux raies caractérisant l'émission du sodium. Aucun élément connu à ce jour ne produisant ce motif particulier, il en conclut que cette raie appartenait à une substance n'existant pas sur Terre — ou qui n'y avait pas encore été identifiée. Il baptisa cet énigmatique élément «hélium», du grec *hélios,* Soleil.

L'hélium est aujourd'hui diversement utilisé, du gonflage des ballons au refroidissement des circuits des superordinateurs; mais, durant quelque trente ans après la découverte de Lockyer, les tentatives pour le déceler sur Terre échouèrent, d'où quelques questions troublantes: Si l'univers contenait des éléments n'existant pas sur la troisième planète du Soleil, comment les astronomes pourraient-ils comprendre son évolution? Et, en supposant que des éléments comme l'hélium restent inaccessibles à l'analyse de laboratoire, comment la science pourrait-elle jamais deviner la véritable nature des étoiles? Ce sont précisément les questions que se posait au tournant du siècle l'éminent savant britannique sir William Ramsay. Analysant en 1895 un gaz émis par un composé de l'uranium, Ramsay s'aperçut que sa signature spectrale coïncidait avec celle de l'hélium solaire de Lockyer. Il s'empressa de communiquer sa découverte à ce dernier, qui confirma l'identification.

Le succès de Lockyer dans le perfectionnement du spectroscope pour l'étude du Soleil stimula l'inventivité des astronomes. Déjà vers 1840 l'astronome amateur américain John Draper avait associé un spectroscope à un appareil photo, créant ainsi le spectrographe, et avait utilisé cet appareil pour photographier le spectre solaire; dans les années 1870, la photographie et l'astronomie firent de tels progrès que le fils de Henry Draper put saisir le spectre de plus de quatre-vingts étoiles. Quelques années plus tard, un fabricant américain de télescopes, George Hale, spécialisa le spectrographe au point d'en faire la percée technologique majeure de l'astronomie solaire.

Encouragé par son père William, prospère constructeur d'ascenseurs hydrauliques à Chicago, Hale commença dès son adolescence à concevoir de l'équipement astronomique. «Mon père me procurait tous les livres que je voulais, relata-t-il plus tard, mais, en ce qui concernait les instruments, sa démarche était toujours de m'inciter à d'abord en construire un, puis de m'en acheter un bon si mes expériences avaient été concluantes.» En 1882, à quatorze ans, Hale se fabriqua ainsi un petit télescope, après quoi son père lui offrit un «excellent Clark de quatre pouces». À l'âge de vingt ans, alors qu'il étudiait la physique à l'Institut de technologie du Massachusetts, Hale dressa les plans d'un laboratoire équipé d'un spectrographe associé à un télescope d'une longueur focale de trois mètres, très puissant pour l'époque. William Hale respecta alors les plans de son fils pour faire construire l'installation dans l'arrière-cour de sa maison de Chicago. Le laboratoire s'agrandit jusqu'à devenir finalement l'observatoire Kenwood, qui allait demeurer opérationnel jusqu'au tournant du siècle.

UN COUP DE FOUDRE

L'idée d'un spectrographe spécialisé — instrument qu'il appela spectrohéliographe — vint à Hale alors qu'il se trouvait dans un autobus de Chicago un jour de l'été 1889. L'appareil, achevé à l'automne, constituait une avance spectaculaire sur ses prédécesseurs. Outre la fente laissant passer la lumière solaire, le spectrohéliographe de Hale comportait une deuxième fente étroite, parallèle et située derrière la première, qui permettait l'accès d'une seule raie spectrale. Le spectrohéliographe fonctionnait donc comme un filtre très sélectif, permettant aux astronomes d'examiner tout ou partie du Soleil dans une longueur d'onde spécifique d'un certain élément (le rouge de l'hydrogène, par exemple, ou le jaune du sodium), les longueurs d'onde émises par tous les autres éléments de l'atmosphère solaire étant bloquées.

Pour obtenir une photographie composite du disque solaire dans une raie spectrale donnée, Hale monta son spectrohéliographe sur roulement à billes.

En 1908, George Hale remarqua sur le spectrogramme d'une tache solaire semblable à celle apparaissant ci-dessous que certaines raies fines d'absorption se séparaient en trois raies distinctes lorsque la fente de l'instrument était placée sur l'image de la tache elle-même *(à droite)*. Hale y reconnut la manifestation de l'effet Zeeman (d'après le physicien hollandais Pieter Zeeman qui le découvrit) : la multiplication des raies spectrales d'un élément sous l'influence d'un puissant champ magnétique. Cette mise en évidence du magnétisme solaire incita Zeeman à féliciter Hale pour avoir expliqué la nature des taches solaires «de façon aussi convaincante».

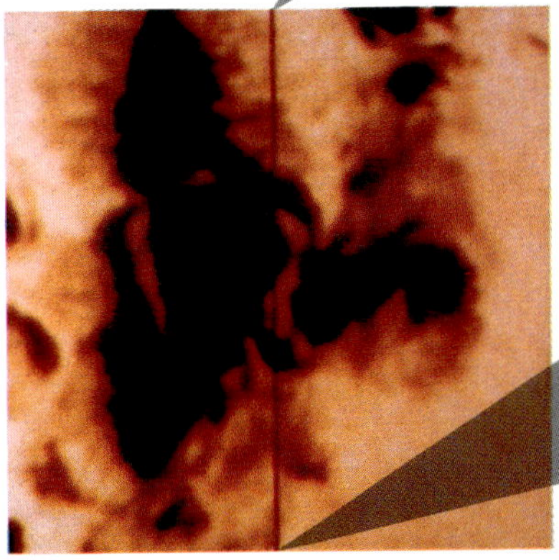

Une poulie commandée par un moteur déplaçait lentement l'instrument latéralement, selon un mouvement continu. Cet ingénieux dispositif permettait de photographier le Soleil en bandes successives s'imprimant sur la plaque sensible.

Hale réussit à prendre ainsi des photographies détaillées des irrégularités de la surface solaire — notamment des protubérances et des plages faculaires — dans la couleur de plusieurs raies spectrales sélectionnées. C'est dans la fantomatique lumière violette émise par la vapeur de calcium que l'appareil délivra les images les plus frappantes. «Hier j'ai pris une photo de protubérance assez bonne pour confirmer le succès de ma méthode», écrivit-il en 1891 à son camarade de collège Harry Goodwin. Au cours des quarante-huit années qui suivirent, la fascination de Hale pour le Soleil, qu'il appelait l'«étoile typique», le conduisit à installer, pour l'étudier, non moins de trois observatoires : l'un pour l'université de Chicago à Williams Bay ; un autre au sommet du mont Wilson, près de Los Angeles ; enfin le dernier au mont Palomar, près de San Diego.

C'est en observant le Soleil depuis le mont Wilson que Hale décela en 1905 un étrange comportement affectant certaines des raies sombres d'absorption qui figurent dans le spectre des taches: nombre d'entre elles, apparaissant normalement sous forme de lignes solides sur le fond continu brillant du Soleil, étaient séparées en plusieurs raies fines légèrement espacées. Hale reconnut cette division spectrale comme la manifestation de l'effet Zeeman, du nom du physicien hollandais qui, en 1896, avait découvert que la lumière émise par un élément sous l'influence d'un puissant champ magnétique présente un dédoublement des raies spectrales *(ci-dessus).* La détection de l'effet Zeeman dans la lumière issue des taches suggéra donc à Hale que des champs magnétiques doivent régner à l'intérieur de ces taches.

L'utilisation d'un nouveau spectrographe vertical de neuf mètres de haut érigé sur le mont Wilson permit à Hale d'obtenir les premières photographies de l'effet Zeeman dans le spectre d'une tache solaire, en juin 1908. Il compara ces images avec les résultats des expériences au cours desquelles il avait mesuré le degré de séparation spectrale provoqué par des champs magnétiques aussi élevés que 15 500 gauss et prouva que de puissants champs magnétiques régissent effectivement la structure et l'évolution des taches solaires. Hale établit aussi que l'intensité de ces champs atteint 4 500 gauss, valeur que les scientifiques estiment aujourd'hui être plusieurs milliers de fois plus forte que le champ magnétique moyen de la Terre ou du Soleil.

Bien que le mécanisme originel des taches solaires continue, aujourd'hui encore, à défier l'analyse, Hale démontra clairement que les taches sont liées d'une façon ou d'une autre aux puissants champs magnétiques régnant à la surface du Soleil — ou peut-être en dessous. Dans une lettre de félicitations adressée à Hale en 1908, le président de l'Institut Carnegie déclara: «C'est certainement le plus grand progrès accompli depuis que Galilée a découvert ces imperfections du Soleil.»

Les contemporains de Hale savaient déjà que les taches se déplacent par paires; en 1914, Hale alla plus loin en montrant que la tache de tête de chaque groupe est toujours affectée d'une polarité inverse de la tache de queue. Les taches de tête et de queue d'un groupe se comportent donc comme les pôles nord et sud d'un aimant en fer à cheval dont l'anneau serait enfoui dans le Soleil. À un moment donné du cycle solaire de onze années, la tache de tête d'un groupe de l'hémisphère Nord possède une certaine polarité, et la tache de queue une polarité opposée. Au même moment, dans l'hémisphère Sud, les taches de tête et de queue de chaque groupe ont également des polarités opposées, mais inversées par rapport à celles des groupes de l'hémisphère Nord: si, par exemple, la tache de tête dans l'hémisphère Nord est un pôle nord, la tache de tête dans l'hémisphère Sud est un pôle sud.

Les observations ultérieures de Hale l'amenèrent à réaliser que les polarités s'inversent d'un cycle de taches au suivant: si, à une époque donnée, les taches de tête dans l'hémisphère Nord sont des pôles nord, onze ans plus tard elles deviendront des pôles sud. Hale en conclut donc que le véritable cycle solaire dure non pas onze ans mais vingt-deux: en effet, vingt-deux ans sont nécessaires au Soleil pour retrouver sa configuration originale, en termes

Le savant américain Charles Young s'apprête à étudier l'éclipse totale du 28 mai 1900 à Wadesboro (Caroline du Nord), à l'aide d'un spectroscope à prisme. C'est avec un appareil similaire que Young avait observé en 1869 une raie spectrale non identifiée, d'un vert profond, émise par la couronne solaire. Convaincu qu'il venait de découvrir un nouvel élément de la nature, Young l'avait baptisé «coronium». La véritable nature de cette raie allait toutefois échapper aux astronomes pendant encore soixante-dix ans.

non seulement d'activité des taches mais aussi en ce qui concerne l'orientation de leur champ magnétique.

Se fondant sur le travail de pionnier de Hale, les astronomes élaborèrent au début des années 1960 un schéma rudimentaire expliquant l'apparition et la disparition des taches. Malgré ses récentes améliorations, cette théorie demeure impuissante à expliquer tous les aspects du cycle; la plupart des physiciens s'accordent cependant à considérer que les taches naissent par les jeux combinés du champ magnétique solaire, des courants de convection à grande échelle qui transportent les gaz chauds de l'intérieur vers la surface et de la rotation différentielle — c'est-à-dire la tendance du Soleil à tourner plus vite à l'équateur qu'aux pôles. Les lignes du champ magnétique solaire évoluant sous la surface d'un pôle à l'autre, la rotation différentielle enroule progressivement ces lignes de champ autour du corps du Soleil; elles finissent par devenir si tortueuses et étirées qu'elles crèvent la surface, où elles se brisent en formant des taches solaires. Ces éruptions produisent apparemment un effet de catharsis sur le champ magnétique global du Soleil: au fur et à mesure que se déroule le cycle de vingt-deux ans, les taches forcent les lignes de champ à retrouver leur orientation nord-sud.

LES MYSTÈRES DE LA COUCHE SUPÉRIEURE

Grâce à l'obstination de chercheurs tels Carrington, Lockyer et Hale, la photosphère et la chromosphère avaient commencé à dévoiler leurs secrets.

Mais la plus haute couche de l'atmosphère solaire, la couronne, demeurait aussi inaccessible qu'une chimère. En 1878, les astronomes découvrirent que cette couronne, visible lors d'une éclipse totale sous forme d'une lueur blanche opalescente entourant le disque obscur de la Lune, change d'aspect au cours du cycle des taches solaires. À son paroxysme, de nombreux filaments longs et blancs appelés jets coronaux surgissent du Soleil en rayonnant comme les pétales d'un énorme dahlia, tandis qu'au minimum du cycle la couronne présente un bord presque lisse, avec néanmoins un léger renflement à l'équateur solaire.

Les premiers indices sur la composition de la couronne furent décelés par l'astronome américain Charles Young. Doté d'un esprit pénétrant — diplômé de Darmouth à dix-huit ans — Young paraissait destiné à se distinguer en astronomie. Son grand-père, Ebenezer, et son père, Ira, avaient successivement occupé la chaire de philosophie naturelle et d'astronomie à Appleton entre 1818 et 1858. Mais, comme Carrington, Charles Young entra d'abord en religion; à vingt et un ans, il intégra le séminaire de théologie d'Andover dans l'intention de devenir missionnaire.

En 1856, Young changea néanmoins d'avis: moins de dix ans plus tard il avait renoué avec la tradition familiale en occupant la chaire d'Appleton. Son nouveau poste comportait une grande part de recherche. Le 7 août 1869, il se prépara à observer une éclipse solaire à Burlington, dans l'Iowa. Au moment où la Lune commençait à entamer le disque solaire, Young vit une brillante raie verte se matérialiser dans son spectroscope. Mais il ne réagit pas immédiatement. «Ce que je vis était le plus extraordinaire spectacle qu'il m'eût été donné d'observer. Cela ne dura pas plus de cinq secondes mais fut suffisant pour brouiller tout souvenir de ce que je venais de voir. Ce que j'ai décrit ne m'est revenu qu'en consultant les notes dictées à mon assistant.» Même si le souvenir en était imprécis, la signification de cette raie était claire: tout comme la raie jaune observée par Lockyer moins de dix mois auparavant, cette raie n'appartenait à aucun élément connu. Les astronomes en conclurent donc que la couronne du Soleil devait être constituée d'une substance étrange, peut-être extraterrestre. Il l'appelèrent coronium.

LE CORONOGRAPHE ENTRE EN SCÈNE

Le mystère de la composition de la couronne perdura plus de soixante-dix ans. Entre-temps, un savant français, Bernard Lyot, conçut un instrument pour photographier la couronne solaire de façon routinière.

Novice à l'observatoire de Meudon en 1920, Lyot fut intrigué en décelant la polarisation — c'est-à-dire l'orientation magnétique — de la lumière réfléchie par les planètes du système solaire. Il espéra que la comparaison de la polarisation mesurée dans la lumière des planètes et de celle diffusée par les substances terrestres pourrait permettre de déterminer la composition de la surface des planètes. Mais les instruments de son temps étaient inadaptés, si bien qu'en 1923, sans se décourager, Lyot construisit son propre polariscope. Dix fois plus sensible que les détecteurs alors existants, cet appareil lui permit de mesurer la polarisation résultant de la diffusion de la lumière solaire par les particules de l'atmosphère de Mars. Ce travail lui montra que ces particules étaient du sable, ce dont il conclut — avec raison, comme le confirma la sonde spatiale Mariner dans les années 1970 — que les tempêtes de sable font rage sur la surface martienne.

Lyot essuya cependant un échec lorsqu'il orienta son polariscope vers le Soleil. La polarisation de la lumière ne pouvait être mesurée qu'au cours d'une éclipse, qui occulte l'intense luminosité du fond photosphérique, mais de tels phénomènes sont trop rares pour permettre des mesures complètes. Lyot résolut le problème en 1930. Il construisit un coronographe, nouvel instrument lui permettant de mesurer la polarisation de la lumière coronale en l'absence d'éclipse. En effet, son appareil créait sa propre éclipse artificielle, bloquant la lumière du disque solaire et envoyant celle de la couronne dans un polarimètre aux fins d'analyse.

Si l'occultation artificielle du Soleil était plutôt facile à réaliser, Lyot dut faire face à un problème plus délicat : éliminer la brillance de fond qui est diffusée par les particules de poussière de l'atmosphère terrestre. Si cette lumière diffusée s'estompe au cours d'une éclipse, l'occultation artificielle du disque solaire dans un télescope ne suffit pas à l'effacer. Lyot dut donc imaginer une méthode permettant de réduire au minimum cette lumière parasite ; il construisit à cet effet un filtre spécial constitué d'un empilement de fines lames de cristal aux propriétés d'interférence différentes. Les

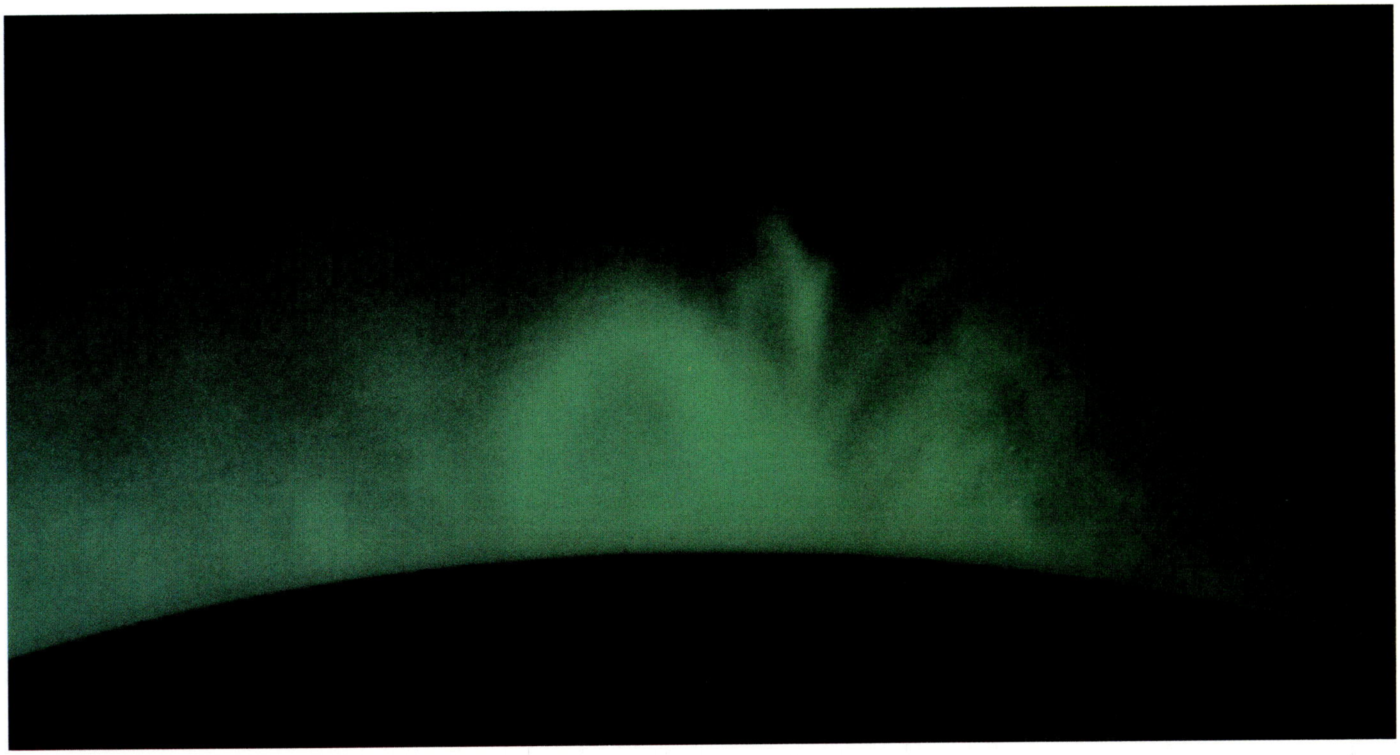

Photographiée dans la longueur d'onde du fer fortement ionisé, la couronne solaire ressemble à une fontaine de lumière verdâtre. En 1941, le physicien suédois Bengt Edlen démontra que cette lueur émeraude n'était pas émise par le coronium de Charles Young, mais par des atomes de fer dépouillés de la moitié de leurs vingt-six électrons. La découverte d'Edlen conduisit les astronomes à rehausser leurs estimations de la température de la couronne jusqu'à plusieurs millions de degrés — cent fois plus que ce qu'ils croyaient jusqu'alors.

lamelles individuelles pouvaient être assemblées de diverses manières afin d'absorber le maximum de lumière parasite.

L'instrument de Lyot réveilla l'attention des astronomes à l'égard de la couronne solaire. Moins de dix ans après cette invention, l'astrophysicien suédois Bengt Edlen résolut définitivement l'énigme du coronium de Charles Young. Il démontra en 1941 que cette mystérieuse raie verte coïncidait avec la raie spectrale émise par un atome de fer dépouillé de treize des vingt-six électrons qui constituent son cortège habituel.

Cette raie continua néanmoins à déconcerter les membres de la communauté astronomique. Ils calculèrent que, pour maintenir les atomes de fer dans un tel état d'ionisation, les températures requises doivent être extraordinairement élevées — plus de un million de degrés — et ce niveau extrême d'échauffement coronal infirmait toutes les suppositions de l'époque sur la couronne. Tout au long du XIXe siècle, les astronomes avaient cru que la couronne, plus éloignée de la surface, devait constituer la couche la plus froide de l'atmosphère solaire.

La confirmation de l'effet de conditions exceptionnelles dans la couronne vint en 1946, lorsque l'avènement de la radioastronomie permit aux physiciens solaires de mesurer l'extrême température de la couronne d'après les longueurs d'onde radio émises. Puis, dans les années 1950, des observations spectrales répétées révélèrent la présence d'autres atomes de métal fortement ionisés. Ce ne sont pas seulement des ions de nickel, de calcium et d'argon qui virevoltent dans la couronne, mais également des atomes de fer ayant perdu jusqu'à quinze électrons. Ces découvertes affinèrent encore les estimations de la température coronale.

Ayant établi que la couronne est plus chaude que toute autre région du Soleil, à l'exception du cœur, les astronomes cherchèrent à en comprendre la raison. Leurs investigations, qui se poursuivent encore aujourd'hui, ont jusqu'à présent dégagé deux mécanismes possibles. Le premier met en jeu l'équivalent solaire des ondes de choc soniques. À mesure que les gaz chauds s'élèvent en colonne des couches internes du Soleil, ils engendrent des ondes de pression atteignant la surface. Une majorité de ces ondes sont alors réfléchies vers l'intérieur et restent piégées dans le Soleil, mais un faible pourcentage parvient à échapper à la photosphère et à se propager dans la couronne, chauffant au passage les gaz coronaux. La seconde source de réchauffement coronal, plus vraisemblable, est la dissipation — et la conversion qui en résulte — des ondes magnétiques qui émergent du dessous de la surface solaire et s'étirent le long des lignes de champ magnétique jusque dans la couronne et même au-delà.

La recherche du mécanisme d'intense échauffement de la couronne a marqué une subtile évolution de la physique solaire née de l'époque où Lyot perfectionnait son coronographe. Non contents d'étudier les manifestations de surface, les physiciens commencent maintenant à sonder les profondeurs du Soleil. L'objet de leur quête: dévoiler le véritable fonctionnement de la fournaise thermonucléaire qui gît au cœur du système solaire.

L'ANATOMIE SOLAIRE

Laboratoire de physique géant dans le ciel, le Soleil offre l'occasion d'étudier de près une étoile. À l'aide de télescopes sophistiqués et d'ordinateurs ont été élaborés un certain nombre de modèles plausibles expliquant la constitution et la dynamique du Soleil *(pages suivantes).* Nombre des avancées les plus significatives ont été réalisées au cours des trente dernières années, lorsque les astronomes ont affiné leur connaissance de phénomènes bien connus tels que les taches solaires et ont commencé à discerner le mécanisme de phénomènes moins aisément observables, tels les trous coronaux.

Au plus profond du cœur ronfle une fournaise thermonucléaire toute-puissante, dont les températures et les pressions gigantesques forcent les noyaux d'hydrogène à fusionner en hélium, créant dans le processus des photons énergétiques. Des courants d'électrons chargés, mis en branle par les collisions au sein de la matière surchauffée, s'alignent avec les puissantes lignes de force qui se concentrent parfois en champs magnétiques 5 000 fois plus intenses que celui qui entoure la Terre. Se déformant et s'entremêlant au rythme de la rotation solaire, les lignes de champ engendrent des taches, des stries et des geysers sur une surface en perpétuelle agitation.

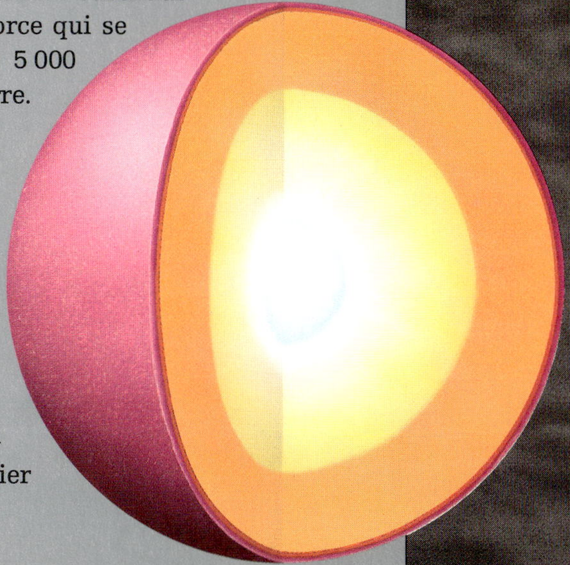

Enfin, l'un des domaines d'étude les plus récents concerne l'atmosphère du Soleil, constituée de trois couches de gaz plus ou moins bien définies appelées photosphère, chromosphère et couronne. L'étage supérieur, la couronne, se répand dans l'espace, flamboyant à des températures qui continuent à défier les prévisions.

Libérés au centre du Soleil sous forme de rayons gamma de haute énergie et de courte longueur d'onde, les photons zigzaguent à travers la zone convective, changeant aléatoirement de direction chaque fois qu'ils rencontrent un atome de gaz. Lors de chaque collision, les photons perdent une petite partie de leur énergie ; leur longueur d'onde s'allonge, le rayonnement solaire se dégrade en rayons X et enfin en lumière visible, de longueur d'onde encore plus grande.

La progression d'un photon

Le même processus de fusion qui donne naissance aux neutrinos dans le cœur du Soleil libère également de minuscules paquets d'énergie solaire appelés photons, qui suivent une trajectoire tortueuse avant d'atteindre la surface du Soleil, la photosphère. Il s'agit d'une véritable odyssée qui se déroule en deux étapes, illustrant les différentes façons de transporter l'énergie à travers les couches internes du Soleil.

Dans la première étape du voyage, un photon engendré dans le cœur se dirige vers l'extérieur en traversant la zone dite radiative, région constituée d'atomes d'hydrogène et d'hélium gazeux très denses, au sein de laquelle l'énergie est transportée par le rayonnement. Le parcours d'un photon y est imprévisible : il heurte sans cesse des atomes qui l'absorbent et le réémettent dans une direction différente. À chaque collision, le photon perd une minuscule fraction de son énergie mais continue à progresser inexorablement vers la surface, vers les couches de densité et de température plus faibles.

Après plusieurs milliers d'années passées à suivre un trajet de moindre résistance, le photon atteint un niveau situé environ 200 000 km sous la surface, où les gaz solaires se sont refroidis à deux millions de degrés. Ce seuil critique marque la frontière intérieure de la zone de convection, région dont les températures relativement réduites permettent au gaz solaire d'être isolé du rayonnement ; l'énergie est alors transportée à la surface du Soleil non plus par le processus radiatif, mais par une convection turbulente.

Le motif granuleux de la photosphère — surface visible du Soleil — est dû à des flux alternés de gaz chaud et froid coulant juste sous la surface de l'astre. Les granules naissent et disparaissent selon un cycle régulier d'environ huit minutes. Les régions obscures sont les taches solaires, chacune de la taille de la Terre ; leur aspect sombre est simplement dû au fait qu'elles sont plus froides que la photosphère environnante.

Dans la zone de convection, des courants de gaz chaud montent, dispersant presque toute leur chaleur dans les différents niveaux internes. Refroidis, ils redescendent, se réchauffent et s'élèvent à nouveau.

QUAND RÈGNE LE MAGNÉTISME

Comme la Terre et de nombreuses autres planètes, le Soleil possède un champ magnétique. Mais contrairement aux planètes, dont les lignes de force magnétique tendent à courir d'un pôle à l'autre de façon ordonnée, celui du Soleil est notoirement indiscipliné. Comme on le voit à droite, les lignes de champ, qui suivent initialement des méridiens bien réguliers, se déforment progressivement jusqu'à en devenir méconnaissables. Cependant, après environ onze ans, l'écheveau se défait et les lignes se régularisent à nouveau. L'apparition des manifestations explosives du Soleil étant plus fréquente à mesure que les lignes de champ deviennent de plus en plus entortillées, cette période de onze ans est appelée cycle d'activité solaire.

Deux puissantes forces agissent de concert pour déformer les lignes de champ. L'une est la rotation différentielle. Le Soleil étant gazeux et non solide, ses différentes régions ne tournent pas à la même vitesse. Les zones proches de l'équateur solaire accomplissent une rotation en vingt-sept jours ; celles proches des pôles en prennent trente-quatre. Les lignes de champ qui sont « gelées » dans les gaz par la conductivité électrique sont donc entraînées par les mouvements gazeux à des rythmes inégaux. La vitesse différentielle étire les parties équatoriales des lignes de champ et finit par les enrouler autour du globe solaire.

Quand les lignes de champ, initialement verticales, ont horizontalement enveloppé l'astre, elles se resserrent et forment juste sous sa surface des tunnels magnétiques, ou tubes de flux, mesurant 500 km de diamètre. Une seconde force puissante, la convection, entre en jeu : des bulles de gaz solaires chauds s'élèvent à travers la zone de convection, entraînent les tubes de flux et les entrelacent comme des tresses magnétiques. Cela augmente la pression à l'intérieur des tubes de flux, qui éjectent les gaz qu'ils contiennent et deviennent plus légers que les zones voisines. Ils montent alors vers la surface, qu'ils percent en engendrant une paire de taches.

Ce processus limité est réversible : au pic du cycle d'activité solaire, quand les tubes de flux sont les plus concentrés, les mouvements en tire-bouchon des gaz solaires forcent les lignes de champ voisines à se fondre et à se recombiner en lignes verticales jusqu'à ce que l'écheveau magnétique du Soleil soit démêlé.

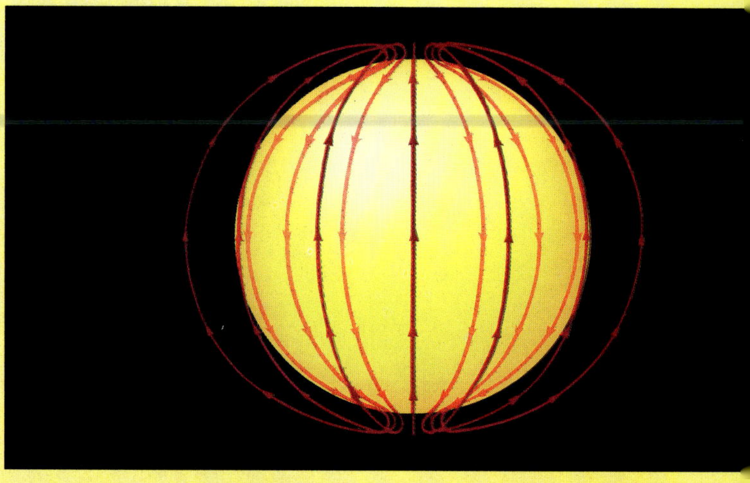

Au début d'un cycle d'activité solaire, les lignes de champ magnétique du Soleil courent directement d'un pôle à l'autre, et le nombre de taches solaires et autres défauts de surface est à son minimum. Une boussole posée sur le Soleil pointerait vers son pôle Nord.

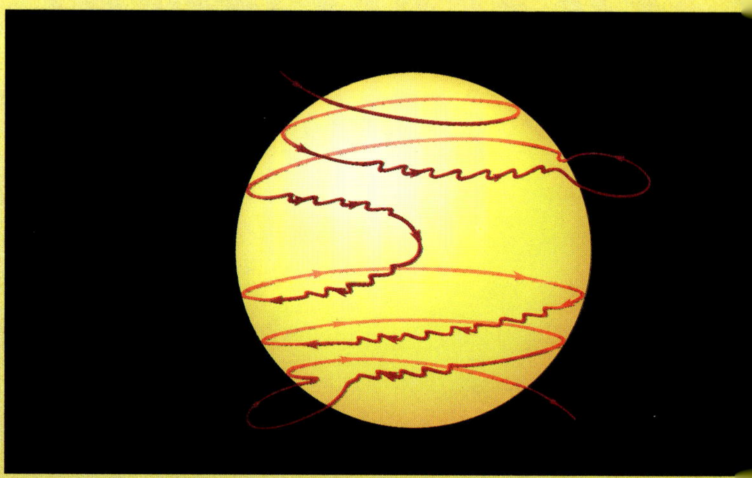

Les courants de convection sous la surface solaire accroissant les effets de distorsion dus à la rotation différentielle, les lignes de champ s'entortillent au point qu'elles commencent à former des vrilles. Les lignes tressées en faisceau forment ce que l'on appelle des tubes de flux, qui éclatent en surface à des latitudes relativement élevées (où les effets de torsion sont les plus grands) et donnent naissance aux taches solaires.

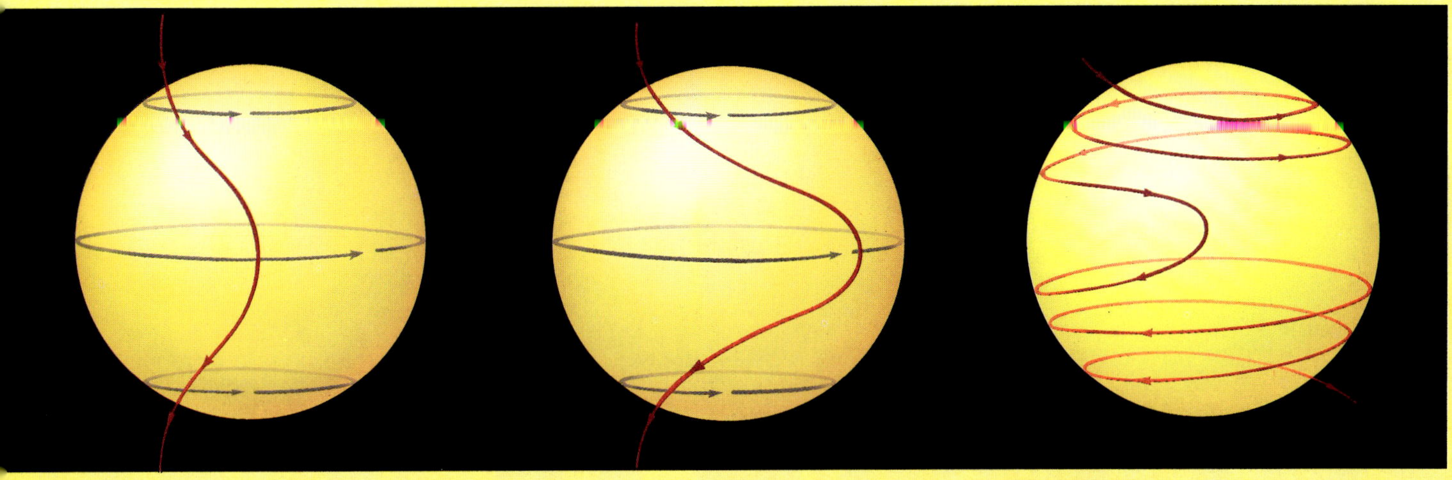

Sous l'influence de la rotation différentielle — la tendance du Soleil à tourner plus vite à l'équateur qu'aux pôles — chaque ligne de champ magnétique est déformée et commence à perdre son orientation verticale. (Pour la clarté de la suite des dessins, une seule ligne de champ magnétique a été ici tracée pour représenter la multitude de lignes de champ magnétique du Soleil.)

Quelques mois seulement après le début d'un cycle d'activité, la rotation différentielle du Soleil a tellement dévié les lignes de champ de leur position originelle que leurs parties médianes s'étirent autour de l'équateur solaire jusqu'à une longitude de 120 degrés par rapport aux extrémités.

Les lignes s'enroulent de plus en plus autour du Soleil et deviennent si étirées qu'elles prennent une orientation horizontale. Les lignes de champ de l'hémisphère Nord ont une direction magnétique opposée à celles de l'hémisphère Sud.

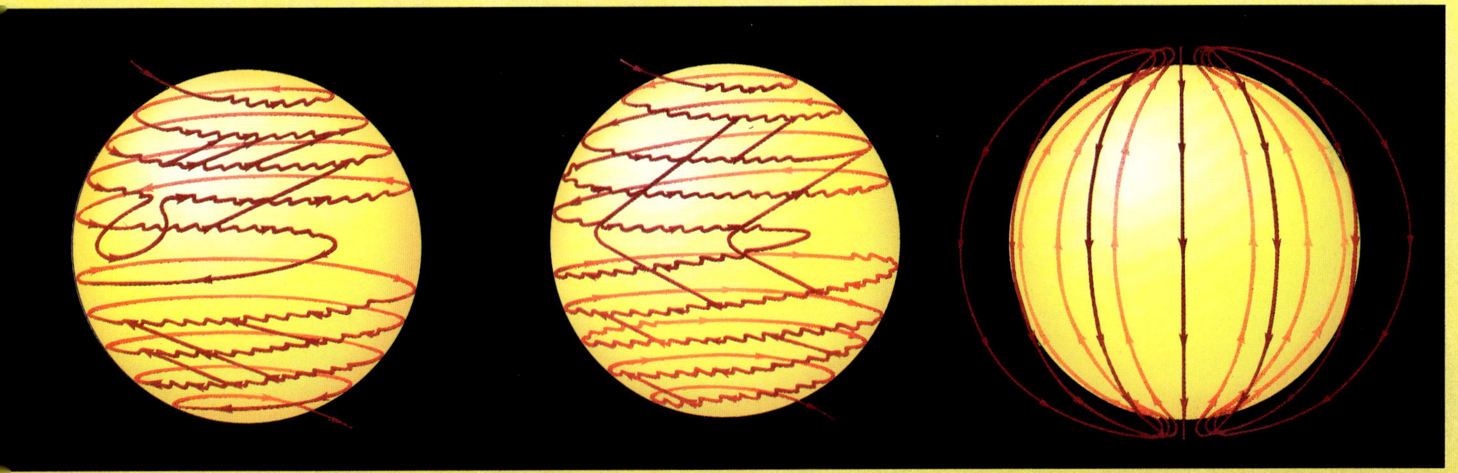

Au paroxysme de l'activité solaire, les lignes de champ sont extrêmement entrelacées et les taches solaires éclatent plus près de l'équateur. Mais des mouvements cycloniques des gaz solaires contribuent à regrouper les lignes de même orientation magnétique ; cette reconfiguration finira par créer une interruption du cycle de turbulence magnétique.

Quand le cycle approche de son terme, les lignes de champ retrouvent une configuration plus stable ; en réponse, le champ magnétique global du Soleil se distribue plus régulièrement et le nombre de taches décroît. Une nouvelle direction du champ magnétique commence à émerger, opposée à celle du début de cycle.

À la fin du cycle, les taches et autres perturbations solaires disparaissent et les lignes de champ inversent leur symétrie longitudinale. La polarité du champ magnétique du Soleil est inversée par rapport à celle qui existait onze ans plus tôt : une boussole posée sur l'étoile pointerait maintenant vers son pôle Sud.

Recouvrant la surface granuleuse du Soleil, la chromosphère *(en rose)* révèle une multitude de manifestations solaires dynamiques. Les plages faculaires sont des zones brillantes *(ci-dessous, à l'extrême gauche)* qui flottent juste au-dessus de zones actives telles que les taches. Leur luminosité résulte vraisemblablement d'une intensité anormalement élevée de leurs champs magnétiques. Les éruptions *(à l'extrême droite)* sont de violentes libérations d'énergie solaire qui vomissent la matière gazeuse dans la couronne et même au-delà. Les filaments *(en haut, à droite)* sont des arches de gaz en suspension, certaines de plus de 600 000 km de longueur et 80 000 km de hauteur ; on pense qu'ils se forment aux confins des régions de polarités magnétiques opposées. Vus en projection sur le disque solaire, les filaments ont un aspect sombre, mais sur le fond noir du ciel apparaissent comme de brillantes protubérances.

Dans la sphère colorée

Les observateurs d'une éclipse totale de Soleil sont généralement témoins d'une vision éphémère juste avant et après l'occultation : entourant le disque solaire, un brillant anneau rouge vif s'attarde quelques secondes puis s'évanouit. Cette fugitive apparition est la basse atmosphère du Soleil, appelée chromosphère. D'ordinaire oblitérée par la lumière intense de la photosphère, la chromosphère se révèle être un véritable jardin exotique, examinée à travers des télescopes spécialisés et des filtres hautement sélectifs. Cette mince zone est le siège de toutes sortes de structures ondoyantes rappelant certaines formes naturelles de la Terre : une haie d'arbustes, une prairie en feu, ou un groupe de pics montagneux — toutes éclairées d'une palpitante lueur rouge.

Une telle diversité est engendrée par le magnétisme, force dominante de l'atmosphère solaire. Les gaz ionisés du Soleil — formant collectivement ce que l'on appelle un plasma — sont beaucoup moins concentrés dans la chromosphère que dans le corps de l'astre ; contrairement aux gaz plus denses des couches inférieures, le plasma de la chromosphère ne peut contenir les champs magnétiques du Soleil. Ce sont ces derniers qui dictent le comportement du plasma, le laissant parfois mijoter à feu doux, le faisant exploser à d'autres moments en spectaculaires feux d'artifice.

Des rangées de spicules en forme de haie — cylindres de gaz chromosphérique presque verticaux pouvant chacun peser un million de tonnes — sont érigées en sentinelle autour d'une cellule supergranulaire de 30 000 km de diamètre. Les traînées horizontales de gaz *(en bas, à gauche)* sont appelées fibrilles ; comme les facules, elles signalent la proximité d'une région active.

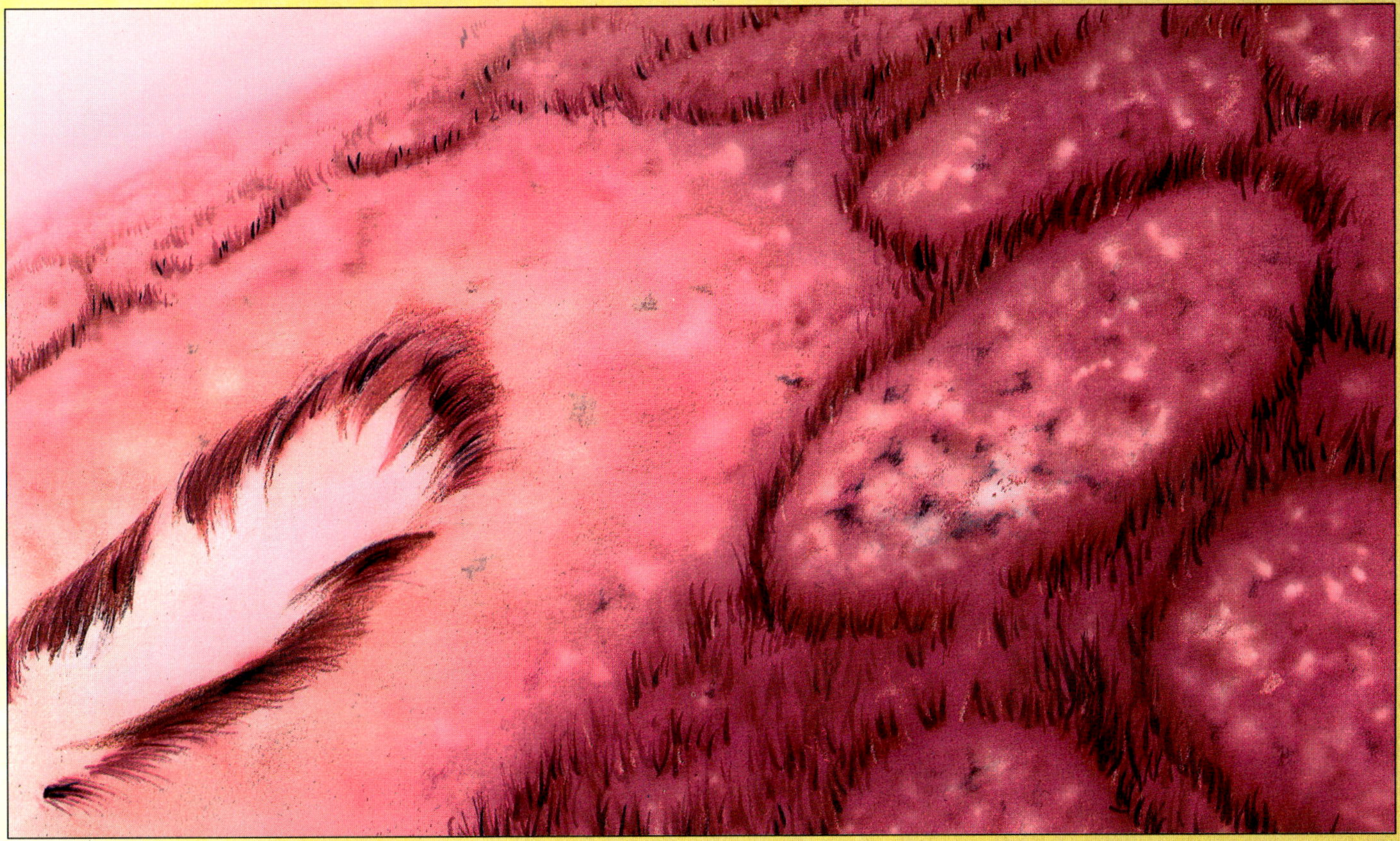

Les confins ardents

À partir du toit de la chromosphère, la couronne du Soleil — royaume de gaz ultra-chauds et si ténus que 10 millions de kilomètres cubes de leur matière pèseraient moins de un kilo — se répand dans l'espace sur plusieurs millions de kilomètres. Son aspect le plus familier est celui du halo lumineux blanc qui entoure le disque solaire au moment d'une éclipse totale, effet produit par la lumière photosphérique rebondissant sur les électrons libres de la couronne. Comme on le voit ci-dessous, la couronne fournit aussi leur toile de fond aux phénomènes lumineux les plus impressionnants du Soleil, les protubérances solaires, arches pulsantes de gaz incandescent.

Pour les astrophysiciens, la couronne est en fait mi-caméléon mi-énigme. Elle change d'aspect en synchronisme avec le cycle d'activité solaire, formant au pic du cycle un anneau dentelé autour du Soleil, puis se rétablissant quand disparaissent taches solaires et autres manifestations de surface. Vers la fin du cycle *(page ci-contre)*, elle s'est considérablement transformée, projetant dans le système solaire des traînées de plumes et des jets de 8 millions de kilomètres de long.

Mais la propriété de la couronne qui déroute le plus les savants depuis plusieurs décennies est sa température. Contrairement aux lois de la thermodynamique, selon lesquelles la chaleur ne peut pas rayonner d'un corps froid vers un corps chaud, la température des couches atmosphériques du Soleil s'élève d'un minimum de 4 200 degrés dans la chromosphère jusqu'à plus de un million de degrés dans la couronne. La plupart des astronomes attribuent aujourd'hui le chauffage coronal aux ondes magnétiques transportées le long de ces mêmes lignes de champ qui sculptent les structures de la couronne. Mais, comme pour de nombreux autres phénomènes solaires, les détails de ce transfert d'énergie restent encore à élucider.

En boucle. Une gracieuse protubérance en boucle s'élève au-dessus d'une région active de la surface solaire, mettant en évidence les champs magnétiques qui règnent dans la couronne solaire. La protubérance a acquis sa forme lorsque le plasma chaud, capturé par les lignes de champ magnétique, s'est condensé et a commencé à retomber en pluie dans la chromosphère.

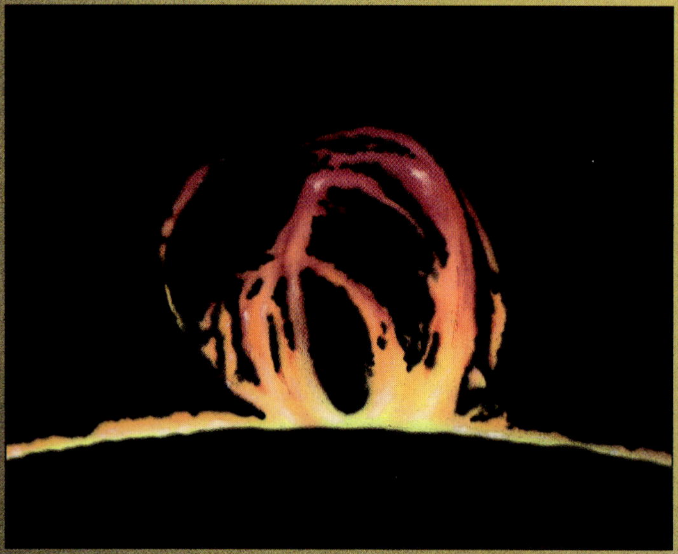

Quiescente. Ce type de protubérance solaire monumentale — haute de quatre diamètres terrestres — est qualifiée de quiescente parce qu'elle reste relativement calme jusqu'à sa disparition. Le plasma froid, isolé de la chaleur fulgurante de la couronne par des champs magnétiques puissants, s'est effrité au-dessus d'une région inactive de la surface en une forme rappelant une haie d'arbustes. La protubérance quiescente peut persister pendant plusieurs mois.

Éruptive. Comme on le voit ci-dessous, des déplacements du champ magnétique sous-tendant une protubérance quiescente peuvent provoquer une subite explosion de la structure. À mesure que la protubérance éruptive se dilate dans la couronne, ses lignes de champ magnétique se déchirent en deux ; l'arche finit par éclater *(à l'extrême droite)* et ses débris gazeux retombent en cascade sur le Soleil ou s'échappent avec le vent solaire.

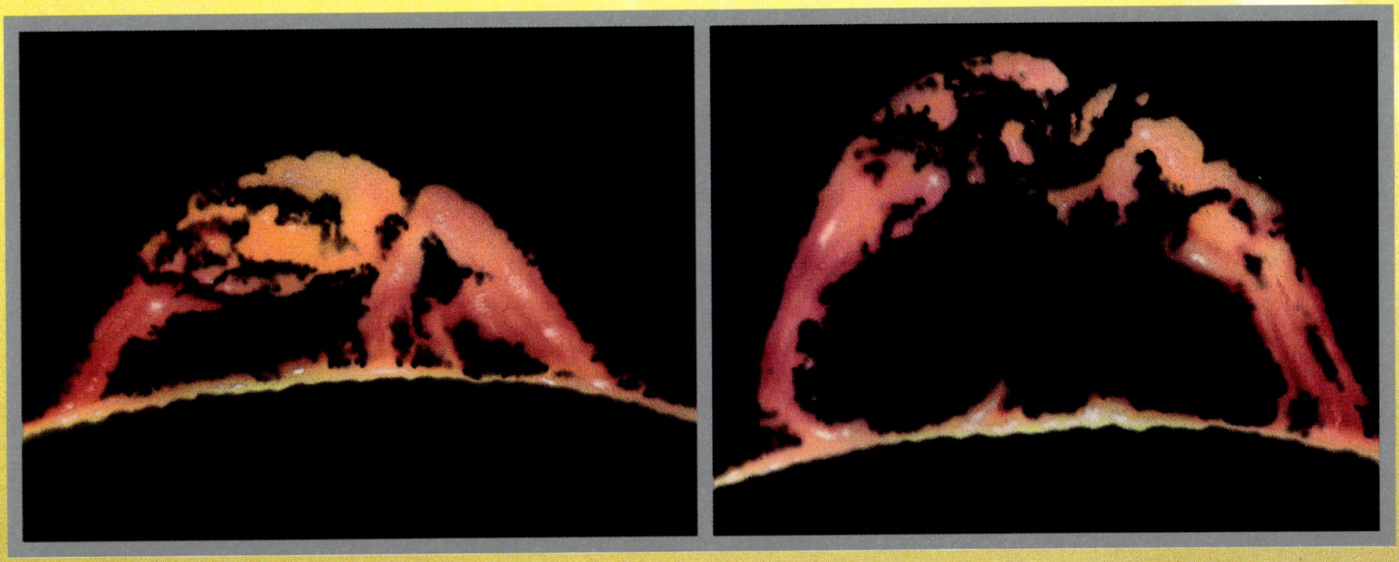

2/DANS LES PROFONDEURS

1 500 mètres de roc, un réservoir de
400 000 litres de produits chimiques
attend l'arrivée de neutrinos.

A quinze cents mètres sous terre, dans une sombre caverne de la mine d'or de Homestake, dans le Dakota du Sud, est installé un gigantesque réservoir cylindrique contenant 400 000 litres litres d'un solvant appelé perchloréthylène. Connue plus simplement sous le nom de «perchlo», cette solution chimique est utilisée comme détachant dans l'industrie du nettoyage à sec. Bien que la mine de Homestake, creusée en 1876, produise encore 12 000 kg d'or chaque année, ce réservoir n'a aucun rapport avec les opérations minières. Il est là comme un piège tendu attendant sa proie.

Juste au-dessus du réservoir, la surface de la Terre — tout comme le reste du globe — est soumise à un bombardement permanent, depuis les photons de la lumière solaire jusqu'aux minuscules grains de poussière cosmique surgis des profondeurs de l'espace. Sauf un, tous ces intrus sont incapables de traverser les 1 500 mètres de roches empilées au-dessus du réservoir. La seule exception connue est une particule élémentaire appelée neutrino, sous-produit des réactions nucléaires constituant la source d'énergie du Soleil. Un neutrino ne possédant pas de charge électrique et une masse sinon nulle du moins négligeable, il interagit rarement avec les autres particules et traverse la Terre comme si elle n'existait pas. En fait, pour stopper les neutrinos dans leur course, il faudrait envelopper notre planète d'une couche de plomb de trois années-lumière d'épaisseur.

Pratiquement, tous les neutrinos qui atteignent le réservoir de perchlo le traversent sans interaction; mais de temps à autre un neutrino heurte l'un des quatre atomes de chlorine contenus dans chacune des 250 milliards de milliards (250 suivi de 18 zéros) de molécules du liquide détachant. L'atome de chlorine se transforme instantanément en une forme radioactive de l'argon, qui est ensuite éliminée du perchlo par de l'hélium injecté dans le réservoir. Ainsi séparés, les atomes d'argon sont alors comptés et donnent le nombre de neutrinos solaires parvenant à la Terre.

Ces mêmes scientifiques qui avaient ordonné l'extraction des 7 000 tonnes de roche pour construire un réservoir souterrain ayant le volume d'une piscine olympique se sont mis ensuite à surveiller leur «bébé», guettant la capture d'un ou deux neutrinos solaires qui les renseigneraient sur l'intérieur du Soleil. L'observation directe des profondeurs de l'astre est évidemment impossible en raison de la chaleur intense qui y règne, et le restera longtemps — sauf à considérer les technologies relevant encore de la science-fiction. Pendant des siècles, les astronomes ont cru qu'ils ne pourraient jamais voir au-delà de la surface ardente du Soleil ou des étoiles en général. Au XIXe siècle, le philosophe Auguste Comte affirma à propos des étoiles que l'« on ne pourrait jamais connaître leur constitution interne ».

Comte mourut en 1857, juste deux ans avant que les savants allemands Gustav Kirchhoff et Robert Bunsen prouvent, par l'étude spectrographique, que l'atmosphère du Soleil est essentiellement composée d'hydrogène. Et, moins de dix ans plus tard, le physicien allemand Hermann von Helmoltz et le Britannique lord Kelvin proposèrent une explication plausible de la source de chaleur du Soleil. Selon eux, l'attraction gravitationnelle entre les molécules de gaz pousserait l'astre à se contracter, à comprimer ses gaz, les chauffant jusqu'à l'incandescence. Leurs calculs suggéraient que le diamètre solaire ne se réduirait que de quelques mètres par an et qu'à ce taux notre étoile aurait brillé depuis quelques millions d'années.

Les idées de Helmholtz et de Kelvin furent développées en 1870 par Jonathan Lane, un physicien américain travaillant au Bureau des brevets, puis en 1907 par le professeur suisse Robert Emden, qui mit au point la théorie dite de Lane-Emden, selon laquelle les molécules de gaz proches de la surface du Soleil seraient suffisamment séparées pour vibrer indépendamment les unes des autres. Mais si l'on s'enfonce la pression augmente et les molécules sont de plus en plus serrées. Près du centre, où un thermomètre indiquerait une température de 12 millions de degrés et un baromètre une pression 123 milliards de fois plus forte que la pression atmosphérique terrestre (unité de mesure appelée précisément atmosphère), les molécules se toucheraient et résisteraient à toute compression ultérieure. Pendant ce temps, le Soleil abandonnerait sa chaleur au vide ambiant, se refroidissant peu à peu et se réduisant imperceptiblement. Son rétrécissement augmenterait la pression des molécules gazeuses restantes. Menant ce processus à sa conclusion logique, les astronomes furent fondés à croire que la taille du Soleil devrait progressivement diminuer jusqu'à ce que toutes ses molécules soient comprimées et refroidies en un énorme bloc glacé.

LES CERTITUDES DU PASSÉ ÉBRANLÉES

La théorie de Lane-Emden parut rendre compte de tout ce qui était connu sur le Soleil : sa masse, calculée en mesurant son influence gravitationnelle sur la Terre ; son diamètre ; les quantités de chaleur et d'énergie émises ; et le simple fait que, depuis que notre étoile est observée par les hommes, elle ne soit jamais sensiblement devenue plus grosse ou plus petite, ni plus chaude ou plus froide. Selon les calculs, compte tenu de sa masse, le Soleil était né il y a 22 millions d'années et devait vivre encore 17 millions.

Si les idées de Lane-Emden concernant la source de chaleur du Soleil se révélèrent par la suite inexactes, elles furent réutilisées de façon judicieuse dans d'autres contextes. Comte et tous ceux qui partageaient son point de vue sur le problème de l'énergie du Soleil avaient utilisé une métaphore inappropriée. La tâche des astronomes n'est pas de «voir» au sens littéral le centre du Soleil, mais plutôt d'interpréter les messages qu'il nous envoie. L'astronome britannique Arthur Eddington, lecteur assidu de romans policiers, compara un jour ce processus à l'analyse d'indices dans une affaire criminelle. Ayant étudié les mathématiques au Trinity College de Cambridge et l'astronomie appliquée au Royal Greenwich Observatory, Eddington accepta d'abord la théorie de Lane-Emden, tout comme la plupart des savants éminents de l'époque. Mais il remarqua que toutes les hypothèses sur la nature du Soleil ne reposaient que sur l'observation brute de cette grosse boule de gaz brillant située à huit minutes-lumière de la Terre.

Eddington fut tenté d'élargir la perspective. De même qu'un enquêteur s'attend à ce que le lieu du crime lui révèle quelques éléments de l'affaire, Eddington se mit à chercher autour de lui d'autres indices. En particulier, les pionniers de la datation au carbone — méthode universellement adoptée pour déterminer l'âge des objets anciens en mesurant la quantité de carbone 14 contenue dans un échantillon — avaient découvert une certaine

LA VOIE MENANT AU CŒUR

Ignorant l'affirmation d'Auguste Comte selon laquelle l'intérieur des étoiles ne pourrait jamais être connu, astronomes et physiciens commencèrent à explorer les profondeurs du Soleil à la fin du XIXe siècle. Après bien des errances, l'avènement de la théorie de la relativité d'Einstein, combinée aux progrès de la physique des particules, conduisit les savants que l'on voit ici à une compréhension plus claire, encore qu'imparfaite, des processus alimentant le feu solaire.

Réfléchissant aux implications de la théorie de la relativité d'Einstein, le brillant astronome britannique Arthur Eddington suggéra en 1926 que le Soleil brûle en convertissant de la masse en énergie.

Le physicien autrichien Wolfgang Pauli émit l'hypothèse des neutrinos en 1931. Si la preuve définitive ne fut acquise que dans les années 1950, son travail suggéra la possibilité de leur détection.

Le physicien britannique James Chadwick découvrit en 1932 la contrepartie du proton appelée neutron, étape essentielle pour comprendre le fonctionnement du Soleil en termes de fusion nucléaire.

roche vieille d'au moins un milliard d'années. De plus, des fossiles de créatures primitives trouvés incrustés dans des roches solaires n'avaient pu se former sans l'apport de la chaleur du Soleil. Il en découlait inévitablement que notre astre devait être beaucoup plus vieux que les dix millions d'années de la théorie de Lane-Emden. Une meilleure explication s'imposait.

Eddington y apporta une contribution majeure dans son traité de 1926, *la Constitution interne des étoiles,* un classique du genre. Il y fit valoir que la seule source possible de la chaleur et de la lumière solaires ne pouvait être que la conversion de la masse en énergie, selon la célèbre formule de la théorie de la relativité d'Einstein $E = mc^2$. Eddington soupçonna même que l'hydrogène se transformait en hélium, mais la nature précise de la réaction lui échappa, pour une simple raison : sa description fait appel à des concepts de la physique subatomique qui n'avaient pas encore été inventés.

Mais les progrès furent rapides. La mécanique quantique, qui décrit le comportement des particules mises en jeu dans les réactions nucléaires, fut proposée à la fin des années 1920 par les physiciens allemands Werner Heisenberg et Erwin Schrödinger. Les différents éléments du processus furent identifiés un à un. En 1919, à Cambridge, Ernest Rutherford démontra que l'hydrogène possède un noyau constitué d'un proton. Treize

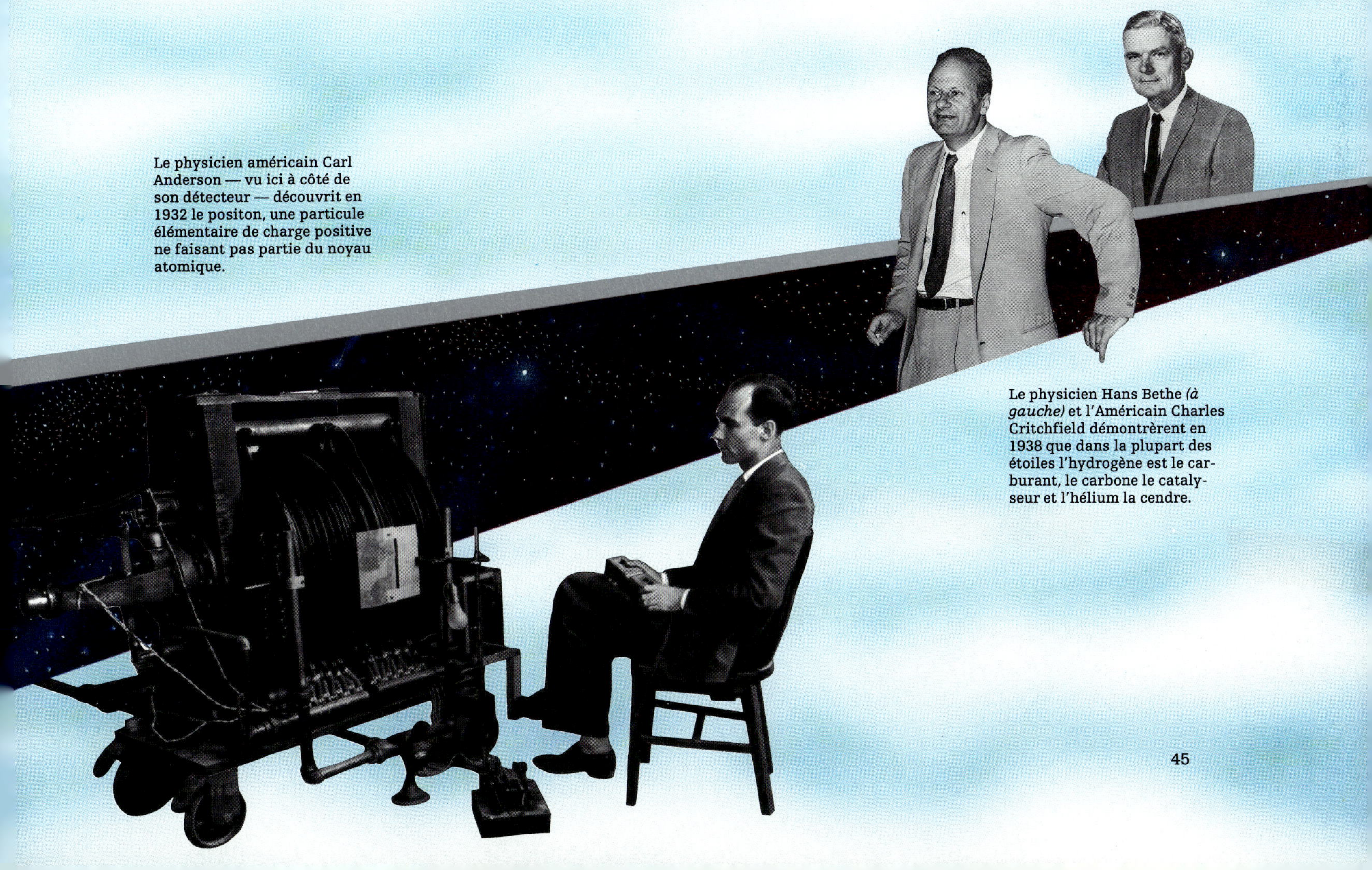

Le physicien américain Carl Anderson — vu ici à côté de son détecteur — découvrit en 1932 le positon, une particule élémentaire de charge positive ne faisant pas partie du noyau atomique.

Le physicien Hans Bethe *(à gauche)* et l'Américain Charles Critchfield démontrèrent en 1938 que dans la plupart des étoiles l'hydrogène est le carburant, le carbone le catalyseur et l'hélium la cendre.

Les physiciens Frederick Reines *(à gauche)* et Clyde Cowan inspectent un diagramme montrant les résultats positifs de « l'expérience de physique la plus difficile qu'ils auraient jamais pu imaginer » : détecter le neutrino, particule sans charge ni masse émise par le Soleil. Sur l'oscilloscope dessiné à la main, les pics figurent des bouffées de rayons gamma qui sont déclenchées par un antineutrino lors de réactions nucléaires s'effectuant dans une centrale de la Caroline du Sud. L'intervalle entre les pics — 5,5 microsecondes — validant pratiquement leur prévision, Reines et Cowan purent confirmer l'existence du neutrino.

ans plus tard, James Chadwick découvrit le neutron, autre constituant du noyau atomique, de même masse que le proton mais sans charge électrique. La même année, l'Américain Harold Urey découvrit le deutérium, forme d'hydrogène dont le noyau contient un proton et un neutron, et son compatriote Carl Anderson le positon, électron de charge positive.

Au printemps de 1938, bon nombre de physiciens et d'astronomes parmi les plus prestigieux se réunirent à Washington à l'occasion d'un congrès historique consacré à la source d'énergie du Soleil. Hans Bethe et Charles Critchfield s'associèrent pour leur soumettre une réponse : le Soleil est alimenté par la fusion nucléaire. Ils suggérèrent que plus de 98 pour cent de son énergie proviennent de la transformation de l'hydrogène en hélium au cours d'un processus appelé chaîne proton-proton. Ce processus en trois étapes débute par une collision entre deux noyaux d'hydrogène et s'achève par la formation d'un noyau d'hélium pesant sept millièmes de moins que la somme des masses des protons et neutrons mis en jeu. Cette différence de masse est convertie en énergie. La majeure partie de cette énergie est émise sous forme de rayons gamma — ondes électromagnétiques de très courte longueur — et le reste est emporté par un neutrino.

À cette époque, cette dernière particule n'existait que selon une théorie émise en 1931 par le physicien autrichien Wolfgang Pauli afin de résoudre un problème embarrassant de la physique nucléaire. Certaines réactions nucléaires semblaient en effet en contradiction avec le principe de conservation de l'énergie, c'est-à-dire que l'énergie sortant de ces réactions était moindre que l'énergie entrante. Les expériences pour trouver où passait l'énergie manquante échouèrent. Pauli exprima la déception générale en déclarant: «De toute façon, c'est trop compliqué pour des humains; j'aurais préféré ne jamais avoir entendu parler de physique.» Peu après, il proposa néanmoins l'existence d'une particule totalement nouvelle, sans charge ni masse, voyageant à la vitesse de la lumière ou presque et transportant l'énergie manquante de façon indécelable. Le physicien Enrico Fermi baptisa cette entité hypothétique d'un nom italien signifiant «le petit neutre».

DES ÉCLAIRS D'ANNIHILATION

Deux chercheurs du laboratoire de Los Alamos, Frederick Reines et Clyde Cowan, élaborèrent en 1956 une expérience de détection des neutrinos. Selon la théorie, chaque particule élémentaire de matière a une contrepartie d'antimatière, et vice versa. Les deux savants s'attendaient à la découverte d'un antineutrino, ce qui eût été tout aussi probant que celle du neutrino lui-même. Leurs calculs montrèrent qu'une collision entre un antineutrino et un noyau d'hydrogène devait produire trois minuscules éclairs lumineux dans un détecteur approprié. Une telle signature empêcherait les chercheurs de confondre leur proie avec des éclairs issus d'autres réactions.

Reines et Cowan construisirent donc leur piège à antineutrinos. Appelé Projet Poltergeist, il consistait en un réservoir d'une demi-tonne d'eau installé tout près d'une centrale nucléaire de Caroline du Sud. Conçus pour fabriquer le plutonium et le tritium utilisés dans les armes nucléaires, ces réacteurs entretenaient des processus produisant un grand nombre d'antineutrinos — du moins selon leur théorie. Reines et Cowan plongèrent leur détecteur dans l'eau et installèrent des tubes photomultiplicateurs très sensibles de façon à enregistrer les triplets d'éclairs attendus. À leur grande satisfaction, leur appareil réussit effectivement à déceler des antineutrinos, à un rythme de deux à trois par heure.

Un nouveau modèle de Soleil fut conçu au début des années 1960, fondé sur la description physique des étoiles en termes de réacteurs à fusion. Aujourd'hui appelé modèle standard, il diffère radicalement de celui de la théorie de Lane-Emden et suppose un noyau sphérique entouré d'une

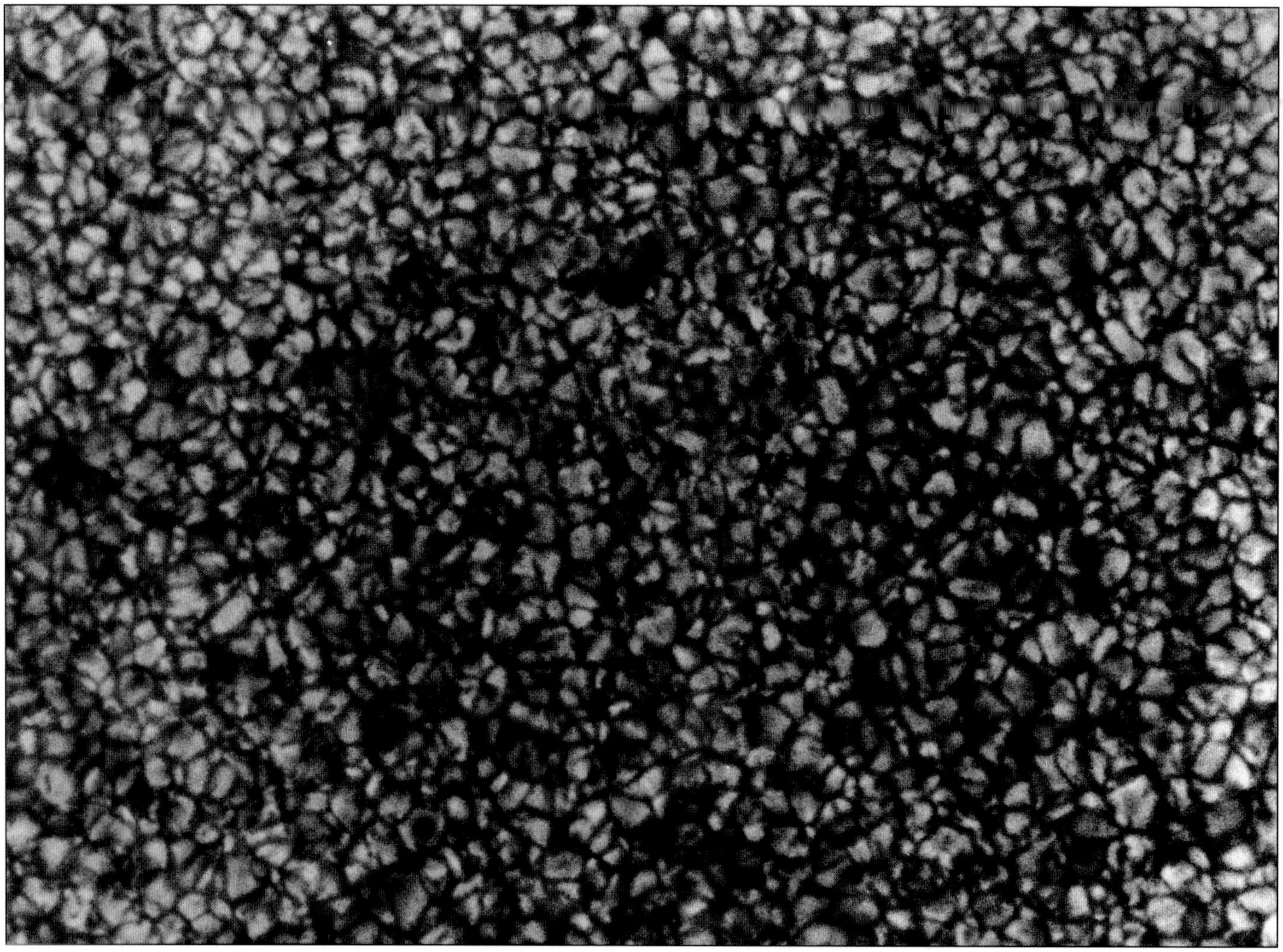

La granulation de la surface du Soleil, révélée sur cette photographie à haute résolution prise à l'observatoire français du pic du Midi en 1977, est produite par des cellules de convection tubulaires : les taches brillantes sont les zones où la convection a transporté les gaz chauds jusqu'à la surface, les lignes de séparation sombres sont celles où les gaz refroidis replongent à l'intérieur du Soleil. Chaque granule vit environ deux minutes et mesure plus de 3 000 km de largeur — à peu près deux fois la taille de la France.

région gazeuse, la zone radiative, entourée d'une zone convective.

Le noyau, d'environ 450 000 km de diamètre, représente un tiers du diamètre solaire. La température centrale dépasse 15 millions de degrés et la pression est de 225 milliards d'atmosphères. Les atomes perdent alors leur identité et se dissocient en plasma — une purée de protons, de neutrons et d'électrons libres qui zigzaguent à des vitesses de plus de 150 km par seconde. À chaque milliardième de milliardième de seconde, les protons entrent en collision et forment de l'hélium. Il en résulte un débit d'énergie solaire équivalent à la conversion en énergie de cinq millions de tonnes de matière par seconde. Si le Soleil ne contenait pas dans ses zones radiative et convective une telle quantité de gaz, il aurait depuis longtemps été « soufflé » comme une bombe atomique. Mais la masse de son gaz exerce sur le cœur une pression interne assez forte pour contrebalancer ce phénomène.

On pourrait penser que le Soleil se consume à un taux excessif, mais en réalité sa perte de matière est insignifiante. Étant donné la quantité d'énergie rayonnée par le Soleil, sa masse et sa taille actuelles, les astrophysiciens ont calculé qu'il n'a consommé à ce jour en pourcentage que quelques centièmes de sa masse originelle. De plus, le modèle standard situe la naissance de cette étoile moyenne plus de quatre milliards d'années plus tôt que la théorie de Lane-Emden, ce qui concorde avec l'âge des fossiles et la datation des roches anciennes qui avaient infirmé la théorie précédente.

La disparition des noyaux d'hydrogène est autrement significative que la conversion de la masse en énergie. Selon le modèle standard, près de la moitié de la masse d'hydrogène présente initialement dans le cœur — seule région où puisse se produire la fusion — a déjà été convertie en hélium. La pression régnant dans le cœur empêchant l'arrivée d'hydrogène «frais» venu des couches extérieures, le Soleil est arrivé à mi-cours de son existence. Dans cinq milliards d'années environ, après avoir consommé tout son hydrogène disponible, il se transformera en un type d'étoile appelé géante rouge. Il se dilatera alors jusqu'à atteindre cent fois son diamètre actuel et vaporisera peut-être notre Terre. Puis il s'éteindra, pour finalement devenir encore plus froid que la face cachée de la Lune.

EN ROUTE VERS LA PHOTOSPHÈRE

Selon le modèle standard, le cœur du Soleil, engendrant son rayonnement, ne brille pas d'un éclat aveuglant mais est au contraire plongé dans une profonde obscurité. Rien en effet de l'énergie qui y est créée ne se situe dans la partie visible du spectre. Un millionième du total est constitué de neutrinos, qui s'évadent directement vers la surface du Soleil à la vitesse de la lumière (un voyage de deux secondes) et poursuivent leur course dans l'espace. Les photons du rayonnement gamma, essentiel de l'énergie solaire, sont également invisibles. Après avoir parcouru moins de un centimètre, les rayons gamma heurtent l'un des électrons formant la cohorte des particules subatomiques du cœur et produisent des rayons X toujours invisibles.

Ces rayons X carambolent au hasard un électron puis un autre, selon un parcours tortueux de moindre résistance. Ce faisant, ils émigrent inexorablement dans une direction où la pression, la température et la densité sont moindres, c'est-à-dire vers la surface du Soleil. Ces incessants ricochets freinent considérablement la progression des photons au sein du cœur. Bien que se propageant à la vitesse de la lumière, un rayon X engendré au centre met plus de 26 000 ans avant d'atteindre la limite du cœur, située à 200 000 km. La température et la pression ont suffisamment baissé — environ 6,5 millions de degrés et 9 milliards d'atmosphères — pour que les protons ne puissent plus s'amalgamer en hélium et que cesse la fusion.

En traversant la zone radiative, les rayons X transitent par des régions de température et de pression toujours plus basses, où la distance entre électrons s'accroît et diminue le taux de collisions entre rayons X et électrons. Dans cette zone, des électrons libres sont capturés par les noyaux d'hélium et forment des ions d'hélium (atomes au cortège électronique incomplet). Les rayons X entrant en collision avec les électrons de ces atomes sont absorbés et leur énergie réémise en rayons X de plus grande longueur d'onde.

À quelque 500 000 km du centre du Soleil, la zone radiative rejoint la zone convective, qui s'étend jusqu'à la photosphère. De gigantesques remous de gaz ionisé s'élèvent à travers la zone de convection à des vitesses supérieures à 300 km/heure. Après avoir percé la surface, ces tourbillons se dispersent et se refroidissent, et leurs gaz replongent au centre. Les rayons X traversant la couche de convection sont absorbés par les ions et convertis en photons dans les radiations ultraviolette et infrarouge. C'est seulement à la surface même que le rayonnement est produit dans la partie visible du spectre : ce rayonnement constitue la lumière du Soleil.

Parmi les autres prévisions détaillées du modèle standard figurait la quantité de neutrinos engendrée au cœur du Soleil, nombre véritablement astronomique. Les physiciens calculèrent notamment que la fraction de neutrinos solaires traversant chaque centimètre carré de notre planète — une infinitésimale portion du total — devait s'élever à 70 milliards de neutrinos par seconde. Baptisé flux de neutrinos, ce nombre théorique requé-

Sur ce graphique d'ordinateur, la raie horizontale orange traduit le passage d'un neutrino muonique — semblable à ceux que l'on croit être émis par le Soleil — à travers le détecteur de particules du Fermilab, près de Chicago. Un neutrino non chargé est entré dans le détecteur par la gauche, a frappé un noyau cible et créé une gerbe conique de particules chargées. Transformé par la collision, le neutrino muonique devenu chargé s'est ensuite déplacé vers la droite, où quatre taches vertes révèlent son passage à travers une série de détecteurs remplis de gallium *(ci-dessous).*

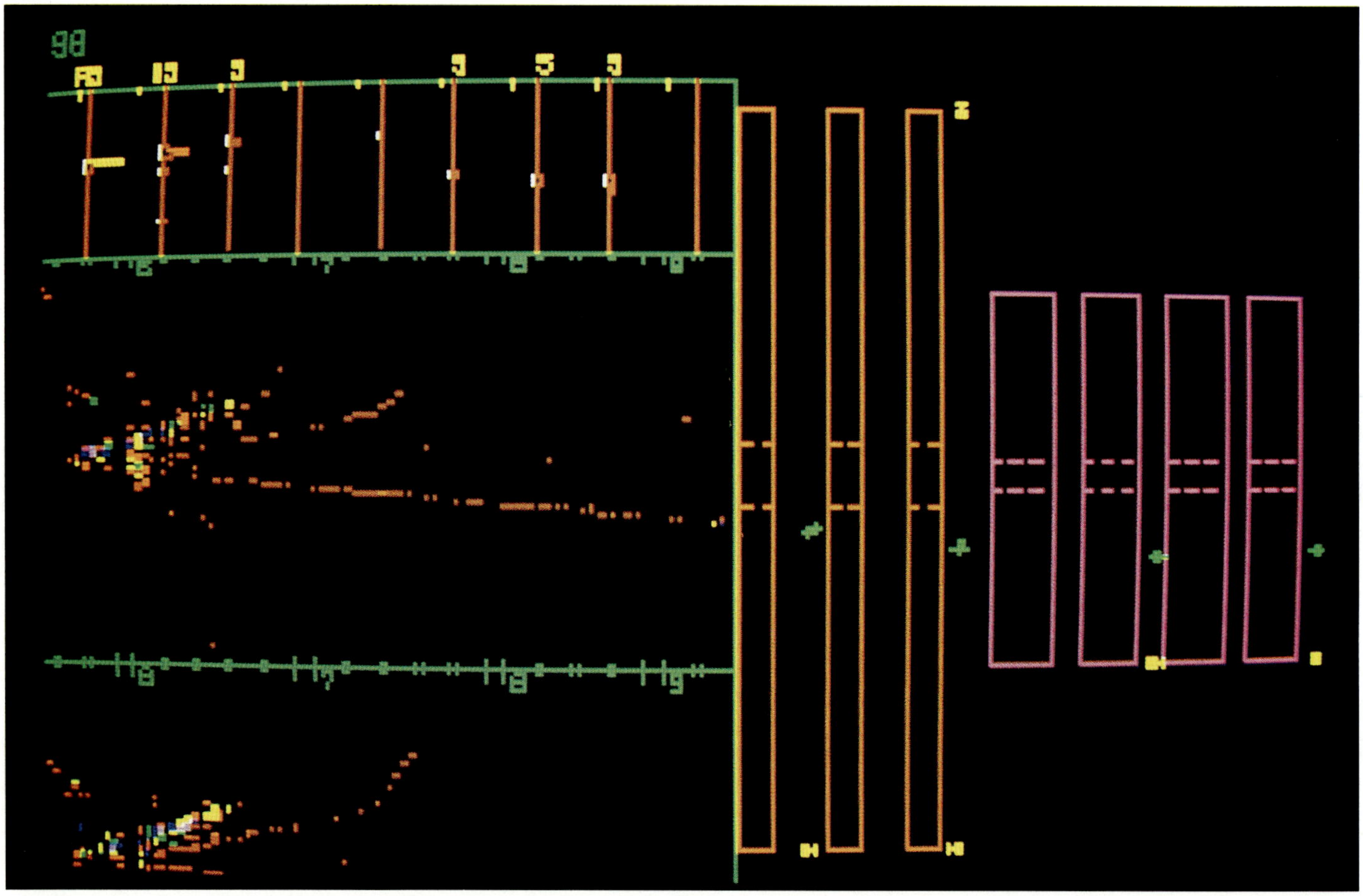

rait une confirmation expérimentale. Mais capturer les neutrinos solaires n'était pas une mince entreprise. Un appareil de mesure extraordinairement sensible devait être mis au point, compte tenu du faible nombre d'antineutrinos détectés dans les expériences de Reines et Cowan, leur flux étant néanmoins estimé trente fois plus important que le flux de neutrinos solaires.

LA CAPTURE D'UN NEUTRINO

Raymond Davis, du Brookhaven National Laboratory de New York, et John Bahcall, de l'Institute for Advanced Study de Princeton, commencèrent à étudier le schéma d'un détecteur de neutrinos. Le résultat: ce gigantesque réservoir installé au fond de la mine de Homestake en 1967.

On connaissait à l'époque deux types de neutrinos. L'un, de haute énergie, était appelé neutrino électronique. Produit par la désintégration du neutron en un proton et un électron, il était de même nature que celui prévu par Pauli, et que Reines et Cowan avaient mis en évidence. L'autre, de basse énergie, était appelé neutrino muonique: il avait en effet été découvert lors de la désintégration d'une particule subatomique nommée muon. Les physiciens avaient en outre identifié un certain nombre de réactions de fusion mettant en jeu d'autres éléments que l'hydrogène et avaient rajouté au modèle standard non moins de neuf réactions nouvelles. La théorie suggérait en outre que chaque réaction libère des neutrinos dont l'énergie dépend de la nature des éléments fusionnés. C'est ainsi que, l'une des réactions les plus rares se déroulant au centre du Soleil, la fusion d'un noyau de béryllium et d'un proton produit un isotope du bore, un photon gamma et libère des neutrinos électroniques d'énergie exceptionnellement élevée.

Davis et Bahcall calculèrent que seuls les neutrinos produits par cette réaction particulière pouvaient être suffisamment énergétiques pour déclencher la transformation des atomes de chlorine en isotopes de l'argon au sein de leur détecteur. Compte tenu de la relative rareté de ce type de neutrinos, Bahcall estima que la détection d'une seule de ces particules par jour correspondrait au flux total de neutrinos traversant la surface terrestre. Le perchloréthylène fut pompé dans le réservoir au printemps de 1967. Les techniciens testèrent le système d'extraction de l'argon, tant pour s'assurer qu'il fonctionnait comme prévu que pour nettoyer le perchlo de toute trace d'argon préexistant. Les chercheurs installèrent ensuite leur appareillage à la façon d'un chasseur tendant un piège: en venant le vérifier de temps en temps pour voir s'ils avaient attrapé quelque chose.

Au cours des semaines suivantes, ils introduisirent de l'hélium dans le perchlo pour extraire les atomes d'argon destinés au comptage. À la surprise et à la consternation générales, on s'aperçut alors que le réservoir ne détectait en moyenne qu'un seul neutrino solaire tous les trois jours. Si ce compte était exact, dit Bahcall, «quelque chose cloche dans le Soleil ou dans les neutrinos, ou alors dans ce que nous croyons savoir sur eux».

Bahcall et quatre collègues analysèrent soigneusement l'expérience pour vérifier si elle reposait sur de la «bonne physique», si personne n'avait commis une erreur de virgule ou oublié quelque part de multiplier ou de diviser par trois. Rien de tel n'apparut. Conclusion: le déficit de neutrinos était bien réel. Pour la première fois depuis que la découverte de l'âge géologique de la Terre avait torpillé la théorie de Lane-Emden, les savants étaient de nouveau confrontés à des données mettant en défaut leur modèle de Soleil.

UNE QUESTION D'ÉNERGIE

Dès que les résultats de Davis et Bahcall circulèrent dans la communauté scientifique, les tentatives d'explication du manque de neutrinos se mirent à fleurir. En 1969, des physiciens de l'Académie des sciences d'URSS proposèrent une solution en termes de métamorphose des particules. Sous la direction du physicien italien Bruno Pontecorvo, enfui en Union soviétique, ils développèrent une théorie déjà proposée en 1963 par une équipe de chercheurs japonais: les neutrinos électroniques pouvaient se métamorphoser en neutrinos muoniques et vice versa. Pontecorvo et ses collaborateurs suggérèrent qu'au cours de leur trajet vers la Terre un certain nombre de neutrinos électroniques de haute énergie se transformaient en neutrinos muoniques. En raison de leur énergie plus basse, ceux-ci devenaient incapables de convertir les atomes de chlorine en atomes d'argon et ne pouvaient donc plus être comptabilisés dans l'expérience de Homestake.

Les recherches dans ce domaine culminèrent en 1986, lorsque Hans Bethe publia des calculs suggérant que de telles oscillations de neutrinos sont possibles et que la densité de matière au centre du Soleil est assez élevée pour que plus des deux tiers des neutrinos électroniques produits puissent se changer en neutrinos muoniques au cours de la demi-seconde passée dans le cœur. Si cette hypothèse se vérifiait, non seulement elle expliquerait les neutrinos manquants, mais elle aurait également de profondes implications sur les théories prédisant le destin de l'univers.

Les cosmologistes sont depuis longtemps intrigués par le fait que la quantité de matière visible dans les galaxies semble insuffisante pour rendre compte de leurs vitesses relatives dans les amas de galaxies, vitesses plus faibles que prévu, comme si l'attraction gravitationnelle mutuelle due à leurs masses apparentes était plus forte. Pour alimenter cette masse manquante, les cosmologistes ont suggéré que les galaxies renferment une certaine forme de «matière noire» — de la masse sous une forme invisible et non détectée — qui expliquerait la relative lenteur de leurs mouvements.

Les neutrinos peuvent apporter une réponse. Selon la physique nucléaire, une particule sans masse ne peut changer de nature, même si elle est capable d'absorber ou d'émettre de l'énergie. Ainsi, un neutrino électronique ne peut se transformer en neutrino muonique que si ces deux particules possèdent une masse non nulle — même minuscule. La densité de neutrinos dans l'univers est estimée entre un et dix milliards de particules par centimètre cube. Pris dans leur ensemble, les neutrinos pourraient donc être assez massifs pour expliquer la vitesse des galaxies. Et, si la masse totale des neutrinos était assez grande, elle pourrait infirmer l'idée d'un univers en expansion infinie, au profit d'un univers commençant un jour à se contracter. Au bout de plusieurs milliards d'années, la température finit par égaler puis dépasser celle des étoiles. Toute la matière est vaporisée, puis réduite à un plasma de particules subatomiques. Enfin, l'univers devient un point d'énergie pure, peut-être destiné à renaître en un autre big-bang.

Pour tester le modèle de métamorphose des neutrinos, une première étape consiste à compter les neutrinos muoniques de basse énergie provenant de la réaction proton-proton du Soleil afin de déterminer si, de même que pour les neutrinos de haute énergie comptés par Davis et Bahcall, un tiers seulement de la quantité calculée par le modèle standard est effectivement détectée. Les savants soviétiques ont à cet effet installé en 1988 un détecteur dans une communauté scientifique du Caucase baptisée pour la circonstance «Neutrino Village». L'appareil contient soixante tonnes de gallium, un métal rare et coûteux dont les atomes peuvent se transmuter en germanium lors de collisions avec des neutrinos de basse énergie.

Quels que soient ses résultats, l'expérience soviétique promet de susciter autant de questions que de réponses. Si les mesures ne montrent pas de déficit en neutrinos de basse énergie, les physiciens devront continuer à chercher une preuve expérimentale de la transformation des neutrinos solaires électroniques en neutrinos muoniques. En l'absence de preuve, les astrophysiciens seraient bien en peine d'expliquer les résultats de l'expérience de Homestake. Si par ailleurs le déficit s'étend aussi aux neutrinos muoniques, leur rareté signifierait que le Soleil produit effectivement moins de neutrinos que prévu, et les chercheurs seraient amenés à traquer l'erreur dans le modèle standard du cœur solaire.

LE POULS DU SOLEIL

Les zones radiative et convective qui entourent le cœur renferment des mystères tout aussi déconcertants que ceux du moteur central. Pour explorer ces régions, les astrophysiciens ont développé ces vingt dernières années l'héliosismologie, une technique analogue à la sismologie permettant aux géophysiciens de construire des modèles détaillés de l'intérieur de la Terre à partir des vibrations engendrées par les séismes et autres événements souterrains. Mais au lieu d'utiliser des sismographes, détecteurs sensibles des vibrations de basse fréquence de la croûte terrestre, les héliosismologues prennent le pouls interne du Soleil à l'aide de spectrohéliographes, capables de sondages presque jusqu'à la profondeur du cœur. Le Soleil est photographié dans une bande étroite de son spectre. Les zones de fort rayonnement dans la longueur d'onde sélectionnée apparaissent brillantes sur l'image, et les régions de moindre intensité plus sombres.

C'est avec un tel instrument que Robert Leighton et deux de ses collaborateurs, Robert Noyes et George Simon, commencèrent à étudier la surface du Soleil au mont Wilson en 1960. Ils découvrirent que les zones de la surface solaire brillantes dans un spectrohéliogramme donné devenaient sombres dans un spectrohéliogramme pris un peu plus tard. Seule explication possible : les zones en question s'agitent de bas en haut. Pendant la montée, la fréquence de la lumière émise s'accorde avec la longueur d'onde sur laquelle est réglé l'instrument. Pendant la descente, la zone d'émission s'éloigne de l'instrument et, par effet Doppler, la longueur d'onde augmente légèrement jusqu'à devenir indétectable. La première explication satisfaisante fut proposée au début des années 1970. Roger Ulrich, de l'université de Californie, et d'autres physiciens travaillant indépendamment montrèrent que l'intérieur du Soleil peut se comporter comme un tuyau d'orgue, capturant et amplifiant les ondes sonores en d'incessantes réflexions.

Les ondes de pression qui se répercutent dans le Soleil ont plusieurs millions de composantes dont les longueurs s'échelonnent entre 1 500 km et 4 500 000 km — la circonférence solaire. Ces ondes remontent dans la zone convective et sont réfléchies vers le bas en atteignant la surface. Avant de parvenir au cœur, elles sont à nouveau réfléchies vers le haut en se heurtant au plasma à haute température, agissant comme une sorte de miroir.

La seule façon de déterminer la fréquence d'une onde est de compter le nombre de crêtes de ses composantes, qui dans un héliosismogramme prennent la forme de taches, d'arêtes ou d'anneaux brillants. Mais nombre de ces ondes ont des longueurs très voisines. Pour être certain que deux ondes de pression ont bien des fréquences identiques, il faut pouvoir compter suffisamment de crêtes, ce qui requiert généralement davantage d'heures d'observation qu'il n'y en a dans une pleine journée d'ensoleillement.

Une solution a été adoptée par les astronomes français Eric Fossat et Gérard Grec. Au cours de l'été austral 1979, le jour perpétuel du pôle Sud

Six parmi ces onze sites d'observation solaire constitueront le réseau GONG (Global Oscillation Network Group), dont la mission est de cartographier l'intérieur du Soleil en enregistrant 24 heures sur 24 ses oscillations de surface. Compte tenu de la rotation terrestre, il faut au minimum trois sites pour observer le Soleil en permanence ; mais les risques de mauvais temps et de pannes de matériel ont convaincu les astronomes du GONG de la nécessité d'installer six postes d'observation, répartis sur le globe à des intervalles de 60 degrés.

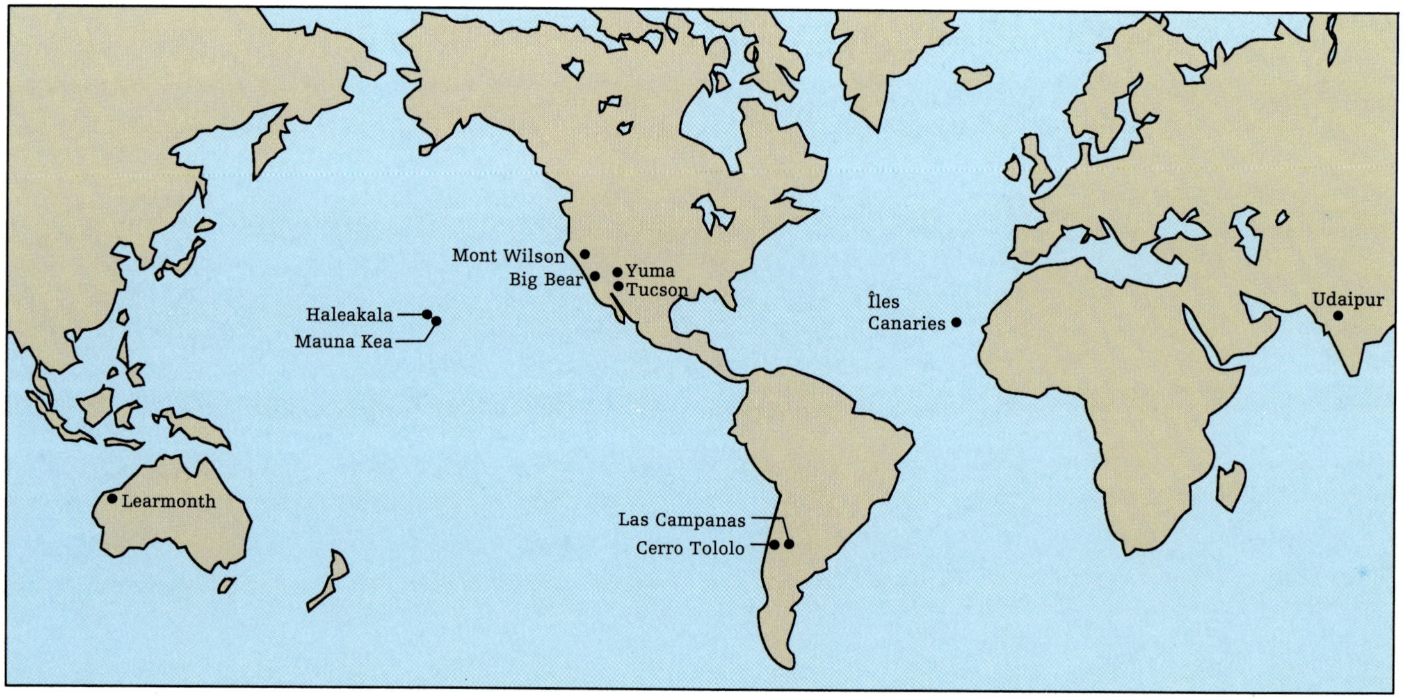

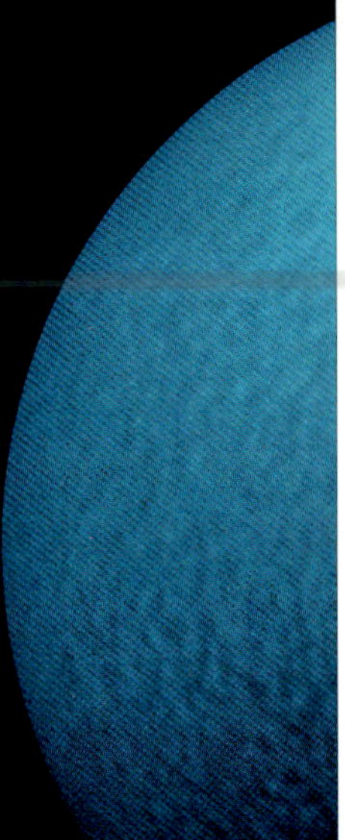

Le décalage Doppler
L'image ci-dessus, ca
nateur, représente la
du processus de déte
tions de la surface so
par les ondes de pres
Les variations de fré
lumière émise par les
indiquent si la région
rapproche *(zones clai*
(zones sombres). Les
pler représentent les
de dix millions d'ond
chacune ayant sa pro
son mouvement de p
le Soleil — un brouill
compliqué par la rota
Pour y voir plus clair
mologues utilisent de
calcul permettant d'é
fets dus à la rotation.

Le Soleil observé en sous-sol

L'architecture spectaculaire du télescope solaire McMath, en Arizona, est une réponse directe à un certain nombre de défis technologiques. Un tunnel optique long de 150 mètres fait du McMath le plus important instrument d'observation du monde, permettant d'obtenir les plus grandes images. Le tunnel est incliné de 32 degrés sur l'horizon, ce qui oriente le télescope parallèlement à l'axe de rotation terrestre et facilite la poursuite du Soleil. La lumière solaire est guidée dans le tunnel par un grand miroir tournant, l'héliostat. Afin de s'affranchir de la turbulence au niveau du sol et de la dégradation correspondante des images, le miroir est perché au sommet d'une tour de 30 mètres de haut et s'oriente automatiquement.

Pour maintenir à tem
parties du télescope, p
que est enterré au son
tres d'altitude, encastr
loppée d'un assemblag
mettent de stabiliser l'
Contrairement aux tél
cuer l'air responsable
sont équipés d'une po
passer le rayonnement
champs magnétiques
Dans un système à vi
partie de l'infrarouge e
verre qui empêche l'air

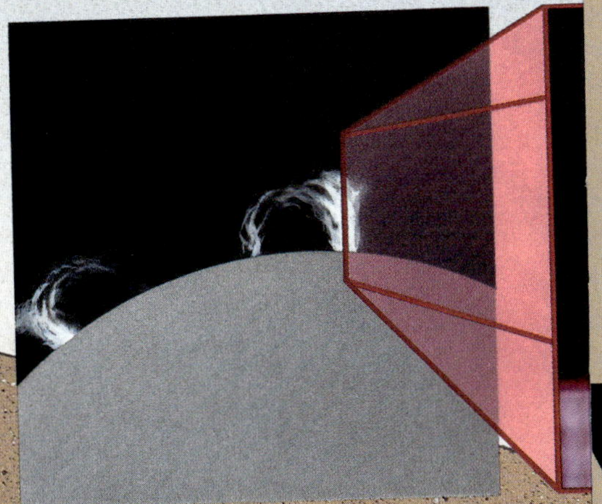

La fente étroite du spectrographe découpe une mi
Soleil et une protubérance éruptive *(à gauche)*. La
sée par une grille de diffraction pour produire un
tie inférieure, les raies verticales résultent de l'ab
par des éléments présents dans l'atmosphère sola
profil de la raie rouge de l'hydrogène au-dessus de
caractéristiques dynamiques, tel le taux d'accélér

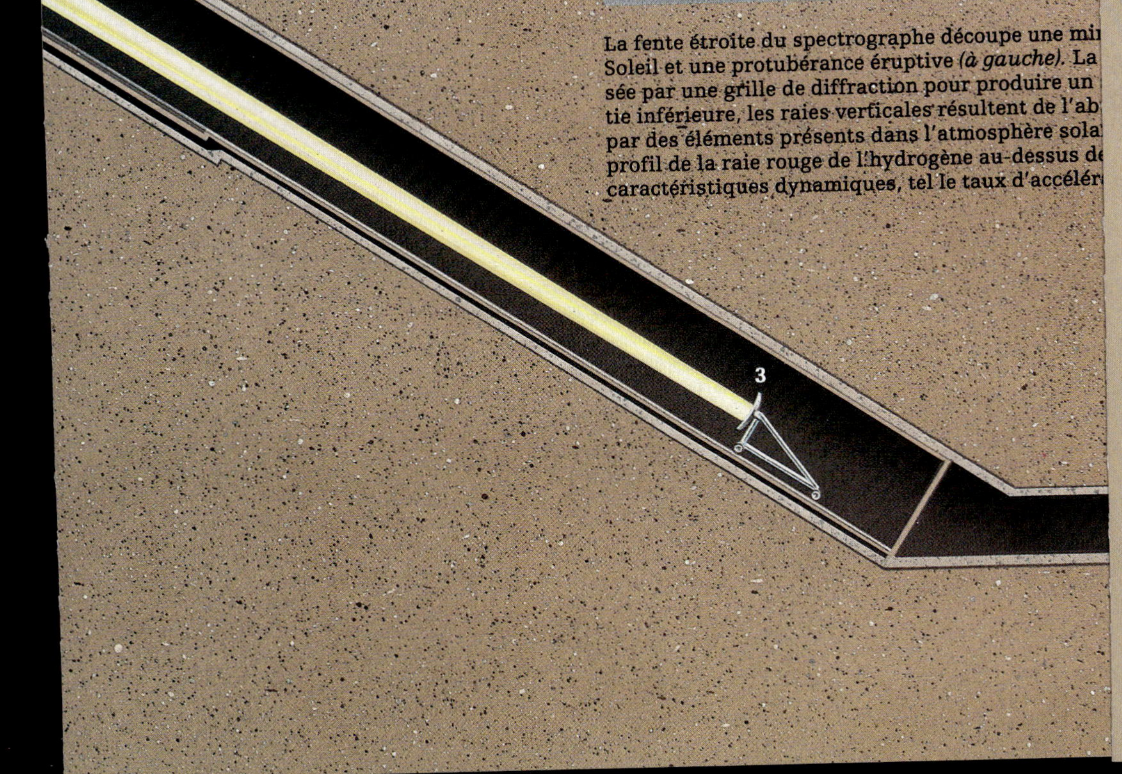

leur a permis une observation continue de 120 heures. Une autre approche consiste à combiner les mesures des différents observatoires, tels ceux du réseau GONG. Les astronomes du National Solar Observatory de Tucson (Arizona) ont à cet effet installé six télescopes solaires de par le monde. À partir de 1992, GONG prendra deux héliosismogrammes par minute, 24 heures sur 24, trois années d'affilée. Chaque observatoire utilisera un interféromètre qui, grâce à ses mesures plus précises de l'effet Doppler, a été largement adopté par les héliosismologues au détriment du spectrohéliographe.

L'analyse des données sismiques du Soleil, si durement acquises, a déjà permis d'affiner le modèle standard. Ulrich et d'autres physiciens solaires ont par exemple utilisé ces données pour recalculer la profondeur de la zone de convection, qui est passée de 20 à 30 pour cent du rayon solaire; ils ont également fixé la proportion d'hélium dans le cœur à 29 pour cent, légèrement plus que les 26 pour cent présents dans les couches périphériques. Les astrophysiciens s'intéressent de près à la quantité d'hélium contenue dans le Soleil non seulement parce qu'elle influence le modèle standard (moins d'hydrogène dans le cœur implique une diminution de la température), mais aussi parce que la quantité d'hélium aujourd'hui restante indique celle que contenait l'univers au moment où s'est formé le Soleil.

Frank Hill, physicien au National Solar Observatory, espère mettre en évidence les hypothétiques cellules de convection géantes qui, prenant naissance à plusieurs dizaines de milliers de kilomètres sous la surface du Soleil, s'élèveraient avec un mouvement latéral supplémentaire susceptible d'expliquer les variations observées de l'intensité du champ magnétique. Se déplaçant à la vitesse de 100 mètres par seconde, ces grands remous de gaz chargé d'électrons libres constitueraient de puissants courants électriques capables d'engendrer un magnétisme important, ce qui à son tour expliquerait le caractère apparemment cyclique de l'activité des taches solaires ou le rythme des éruptions. Si de tels travaux montraient comment les gaz tourbillonnent à l'intérieur du Soleil, le mystère de son champ magnétique serait élucidé — sinon totalement, du moins en partie. Mais les résultats pourraient se révéler aussi peu concluants et soulever autant de problèmes que ceux de l'expérience neutrino de Homestake.

Quelles que soient les réponses un jour apportées au mystère de la fusion dans le cœur ou à celui de l'activité électromagnétique dans les couches plus externes, l'intérieur du Soleil restera un royaume magique — une fournaise d'hydrogène assez vaste pour engloutir un million de globes terrestres, agitée de bulles de plasma cinquante fois plus grandes que Mars jaillissant à la surface, un vacarme qui se répercute sur des centaines de milliers de kilomètres et des monceaux de matière qui se transforment à chaque seconde en énergie. Une étoile, même banale, est réellement quelque chose de stupéfiant.

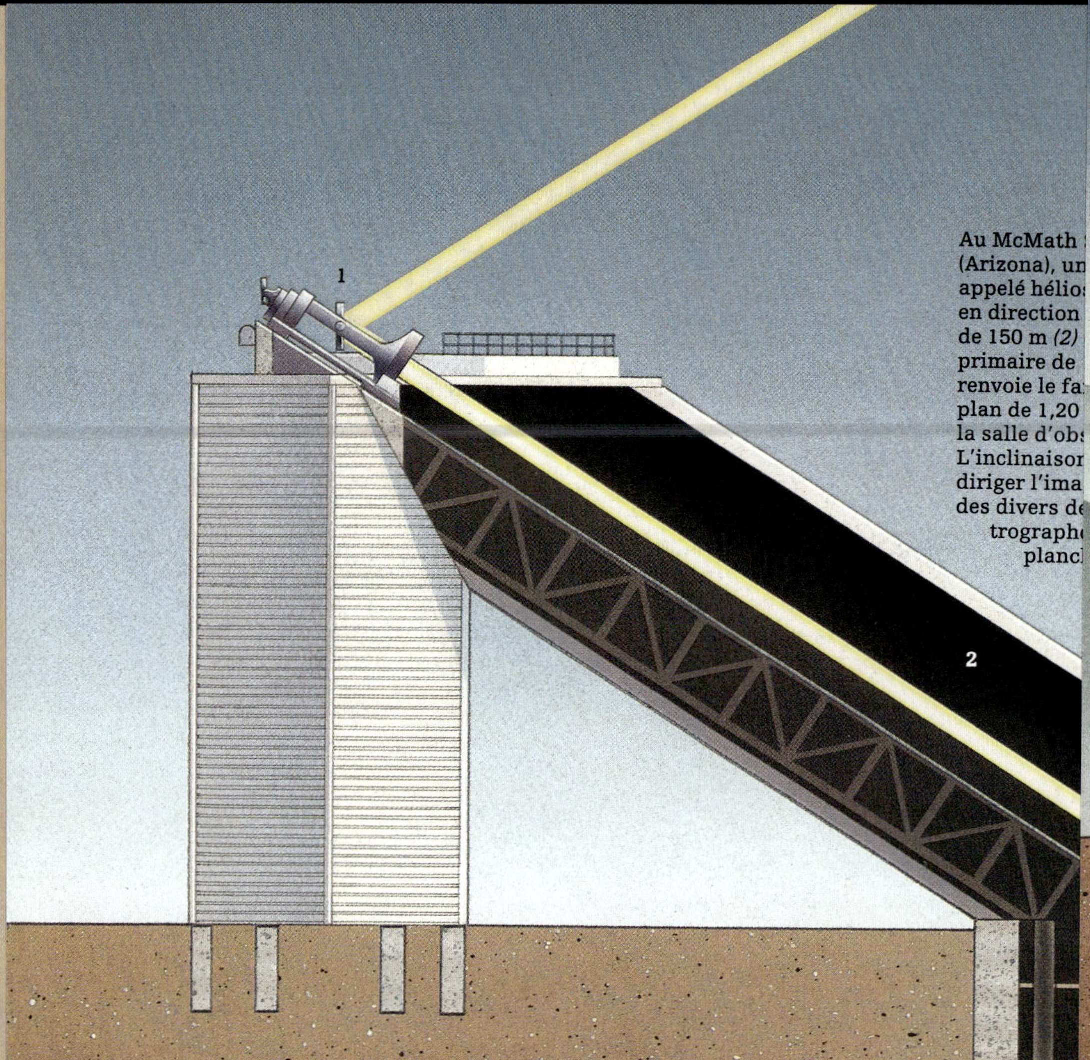

Au McMath
(Arizona), un
appelé hélios
en direction
de 150 m *(2)*
primaire de
renvoie le fa
plan de 1,20
la salle d'obs
L'inclinaison
diriger l'ima
des divers de
trographe
planc

Dans la salle d
Solar Telescop
une image du S
la fente d'un s
qui se chevauc
contrôlant à u
est occupé par
astronomes dé
Soleil qu'ils so

Tel un jardin suspendu d'instruments solaires, la plate-forme d'observation circulaire est fixée en son centre au tube du télescope tournant. Le tube vertical sur la droite abrite un spectrographe. À la base de ce tube, une boîte blanche horizontale contient l'instrument UBF utilisé pour produire des filtregrammes semblables à ceux figurant sur la page opposée. Les tables servent de bancs optiques pour diverses expériences.

La lumière pénètre dans la tour solaire par une fenêtre de quartz de 5 cm d'épaisseur percée dans la tourelle de poursuite *(1)*. Canalisé vers le bas par deux miroirs plans de 110 cm *(2)*, le faisceau descend par un tube à vide *(3)* jusqu'à un miroir sphérique primaire de 160 cm *(4)* situé à 50 m sous terre. Réfléchie sous un faible angle, la lumière passe alors à travers l'un des six volets de sortie *(5)* de la plate-forme d'observation située au niveau du sol *(6)*. En faisant tourner le miroir primaire, on peut orienter le faisceau vers un volet de sortie présélectionné, ce qui permet de l'analyser au moyen de divers instruments solaires, dont deux spectrographes *(7)* montés verticalement, ainsi que l'UBF *(8)*.

À l'observatoire du pic du Midi, la lumière solaire pénètre dans le tube du coronographe par un objectif *(1)* qui focalise l'image solaire sur un cône réflecteur *(2)* et un mince disque occultateur biseauté *(3)* ne laissant passer que la lumière de la couronne. Derrière, une seconde lentille *(4)* et un diaphragme *(5)* éliminent la lumière parasite et les réflexions internes. Une troisième lentille *(6)* réaligne le faisceau et l'envoie à travers une série de filtres *(7)* pour éliminer les longueurs d'onde indésirables. Une quatrième lentille *(8)* focalise la lumière restante — l'image de la couronne — analysée par un spectrographe *(9)* ou photographiée par une caméra *(10)*.

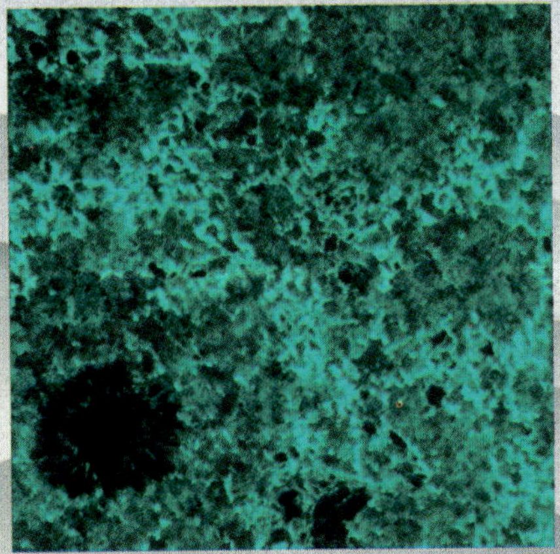

Deux filtregrammes — une image rouge *(à l'extrême gauche)* produite par la lumière de l'hydrogène chromosphérique, l'autre par les atomes de magnésium de la photosphère — procurent des vues complémentaires sur les deux couches de l'atmosphère solaire. Les filtregrammes montrent tous deux une activité magnétique intense tourbillonnant autour d'une vaste tache sombre. En comparant la taille, l'intensité et le mouvement de ces structures à différentes altitudes, les astronomes peuvent reconstituer la structure tridimensionnelle et la dynamique de l'atmosphère solaire.

UNE TOUR DANS LA MONTAGNE

Située au bord d'un précipice du Sacramento Peak (Nouveau-Mexique), la tour solaire permet de révéler les détails du Soleil jusqu'à un cinquième de seconde d'arc — soit une zone de 150 km à la surface de l'astre, ce qui confère au télescope la meilleure résolution de tous les instruments américains. C'est en grande partie le fait du site. Le Sacramento Peak, s'élevant à 2 800 mètres et couvert de sapins, bénéficie d'un air sec pur de toute poussière ; des vents modérés assurent un flux d'air stable et des températures uniformes.

Pour éliminer les effets de distorsion dus à l'air chaud, le trajet optique reste confiné dans un tube à vide de 98 mètres de long dont presque tout l'air a été évacué. Environ un tiers du tube se trouve au-dessus du sol, à l'intérieur d'une tour dont les murs en béton de 90 cm d'épaisseur sont enduits d'une peinture réfléchissante au dioxyde de titane. Le reste du tube plonge dans un tunnel souterrain.

Afin de préserver la netteté des images, le télescope et la plate-forme d'observation contenant les divers instruments tournent à mesure que le Soleil parcourt le ciel. L'ensemble complet de 250 tonnes est assujetti à un support flottant sur du mercure et est mû par un moteur électrique. La friction est si faible que, moteur arrêté, une simple poussée du doigt peut faire pivoter l'ensemble du dispositif.

Un instrument hautement sophistiqué appelé filtre biréfringent universel (UBF) contribue à l'efficacité du télescope. L'UBF ne laisse passer qu'une unique et très étroite tranche du spectre solaire et peut changer rapidement de longueur d'onde, fournissant ainsi des vues simultanées d'une région donnée du Soleil sur plusieurs longueurs d'onde. Les longueurs d'onde du rayonnement émis par les différents éléments de l'atmosphère solaire se comportant différemment selon la température, et celle-ci variant en fonction de l'altitude au-dessus de la surface solaire, les images acquises par l'UBF, les filtregrammes, peuvent retracer un phénomène se déroulant sur plusieurs niveaux atmosphériques. Ces représentations tridimensionnelles permettent de mieux comprendre les effets combinés de la matière et du magnétisme agissant sur le Soleil.

UNE MASQUE S

Un type spécial de télescopes sol
phes, a pour cible la couronne
lumière blanche qui n'est normale
d'une éclipse totale. Le premier c
tallé en 1931 par l'astronome frai
l'observatoire du pic du Midi,
Depuis lors, un perfectionnement
cet observatoire à l'avant-garde de

La couronne défie l'observation
sa faible lumière est éclipsée par
disque solaire, un million de fo
coronographe résout le problème e

SUR LES EAUX DE BIG BEAR

L'observatoire solaire de Big Bear, situé à 2 000 mètres d'altitude dans la chaîne montagneuse de San Bernardino, en Californie, permet d'observer convenablement le Soleil jusqu'à dix heures par jour. En l'édifiant à l'extrémité d'une jetée sur le lac Big Bear, les architectes ont cherché à réduire la distorsion des images causée par la turbulence de l'air: les eaux froides du lac absorbent la chaleur du Soleil au lieu de la réfléchir comme le fait la terre ferme. De plus, le site est réputé pour un ciel généralement sans nuages.

Les longues périodes d'observation diurne offrent une meilleure chance de suivre certaines manifestations éphémères de l'activité solaire, telles les oscillations de surface *(pages 54-55)* et les éruptions *(ci-dessous)*, qui peuvent évoluer, voire disparaître, en quelques minutes — ou quelques heures. À Big Bear, l'étude de l'activité solaire est menée à partir de trois télescopes: un réflecteur de 66 cm, dans lequel la lumière est guidée par des miroirs, et deux réfracteurs, de 25 et 15 cm, où elle est canalisée par des lentilles. Le plus petit surveille l'ensemble du disque solaire; les deux plus grands — des systèmes sous vide — observent des régions plus localisées avec un fort grossissement. Chacun d'eux peut être pointé indépendamment et tous trois peuvent simultanément enregistrer leurs observations.

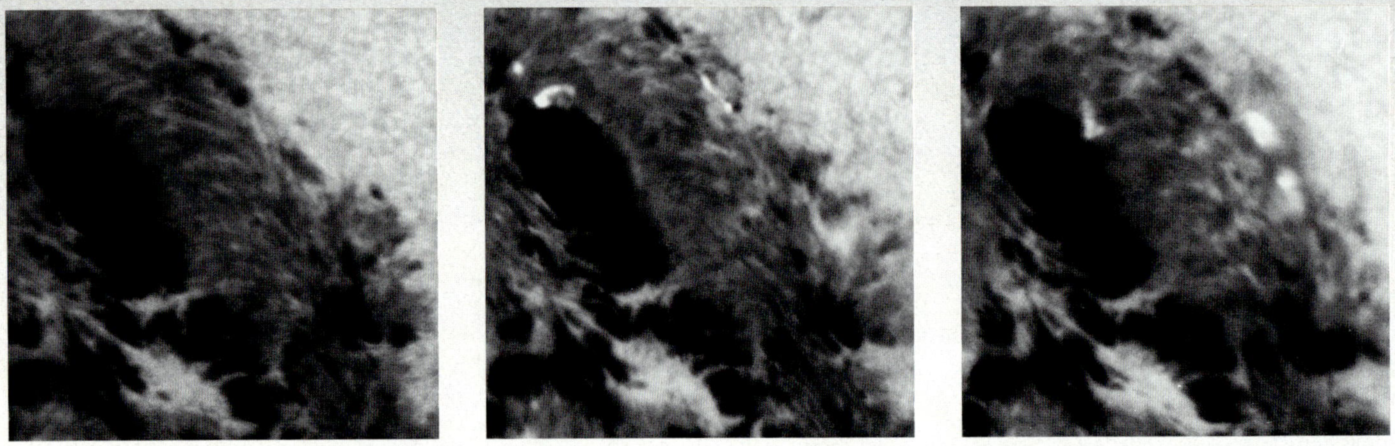

Des points brillants dénotant des éruptions solaires explosent sur une période de cinq heures autour d'une tache géante observée le 12 mars 1989. Le télescope de 66 cm de Big Bear a capté ces deux images dans la raie jaune de l'hélium, qui permet de révéler l'activité solaire existant à environ 150 km au-dessus de la photosphère.

La lumière du Soleil pénétrant dans le télescope de 66 cm de l'observatoire de Big Bear est réfléchie depuis un miroir primaire *(1)* vers un miroir réflecteur incliné refroidi à l'eau *(2)*, qui ventile une partie du faisceau par une ouverture à l'air libre *(3)* empêchant l'échauffement. Une petite ouverture, au centre du miroir, envoie la fraction restante de l'image solaire en direction d'un miroir secondaire *(4)*, qui agrandit l'image et l'expédie via deux miroirs diagonaux *(5, 6)* vers un spectrographe *(7)* ou d'autres instruments et caméras *(8)* montés sur le banc optique du télescope.

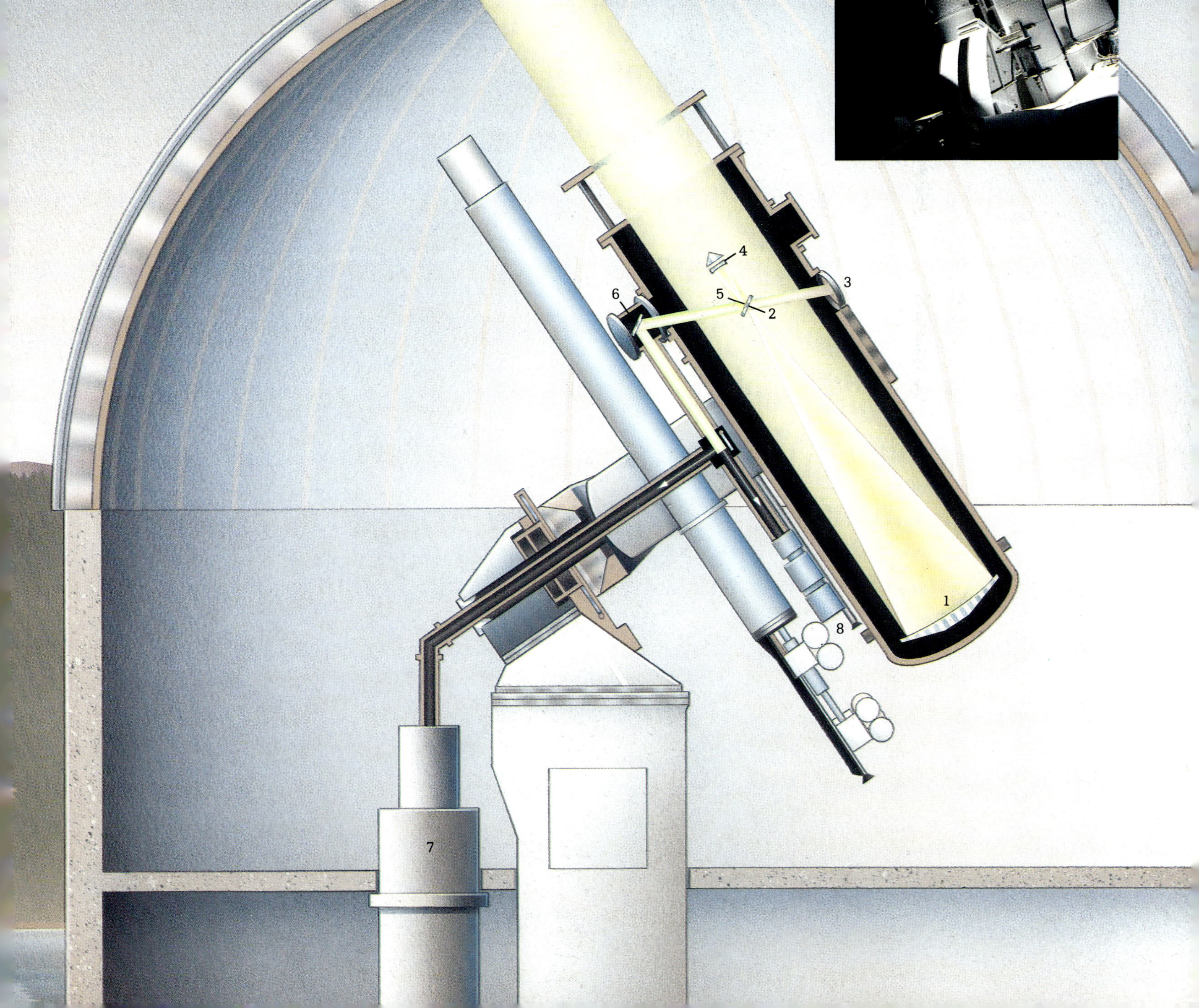

Montés en grappe sur un télescope multifonctions, le réflecteur de 66 cm et les deux réfracteurs de 25 et 15 cm sont pointés sur le Soleil par l'ouverture de la coupole de Big Bear. Fixé devant le grand tube, un écran thermique annulaire protège l'instrument contre les brûlants rayons du Soleil.

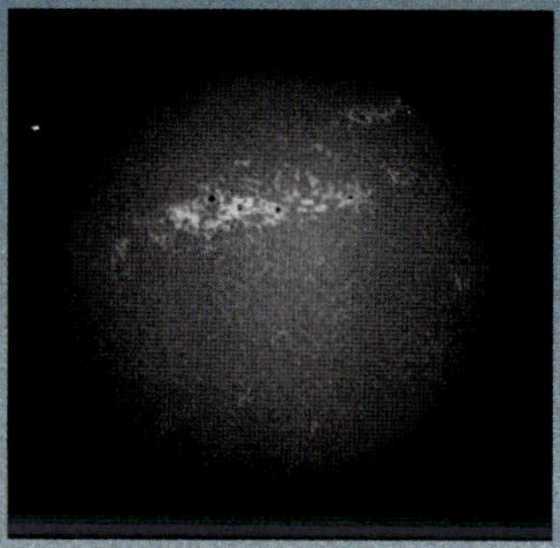

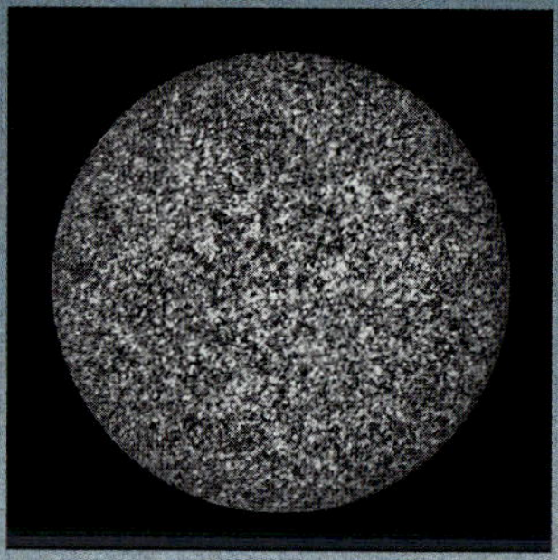

Observée à travers les filtres admettant la lumière émise par le calcium de la photosphère, la surface du Soleil paraît relativement uniforme *(extrême gauche)*. Mais le contraste entre deux clichés pris à 150 secondes d'intervalle *(gauche)* révèle des oscillations de la surface : dans les zones sombres, la lumière du calcium a une intensité moindre, suggérant des régions en ascension ; les zones claires, où le calcium est amplifié, dénotent des régions qui s'enfoncent.

La lentille *(1)* du télescope à oscillations solaires, d'à peine 2 centimètres de diamètre, focalise la lumière du Soleil à travers une série de filtres contrôlés thermiquement *(2)* et la dirige vers une caméra à couplage de charge (CCD) de haute précision *(3)*. La boîte étanche *(4)* contient une chambre climatisée *(5)* abritant l'électronique de contrôle — notamment un amplificateur de signal qui renforce les images reçues par la caméra CCD et les convertit en une forme lisible par l'ordinateur. Les câbles courant sous la neige acheminent le courant électrique au télescope et transmettent les données vers une salle d'observation souterraine. Une palissade protège les chercheurs du vent antarctique.

Les guetteurs du Soleil de minuit

Une plate-forme en haute altitude installée dans l'air le plus pur de la planète constituerait un site idéal pour observer le Soleil — en particulier si celui-ci y brillait en permanence presque la moitié de l'année. Un tel site existe sur la calotte glaciaire qui recouvre l'Antarctique. Depuis 1979, les astronomes solaires y font une randonnée annuelle, entre octobre et février, pour monter leurs petits télescopes portatifs dans un campement installé à 10 km de la station de recherche Amundsen-Scott, située juste au pôle Sud. Non seulement l'absence de poussière et de pollution rend l'air cristallin, mais à cette époque de l'année le Soleil ne se couche jamais, s'attardant au contraire entre 12 et 23 degrés au-dessus de l'horizon.

Le télescope solaire que l'on voit sur la page de gauche est un vétéran de trois étés antarctiques de la fin des années 1980; il a été conçu par les Américains afin de mettre en évidence la structure des oscillations de surface du Soleil, qui à leur tour révèlent les conditions régnant dans les profondeurs de l'étoile. Le télescope et son ordinateur mesurent les variations de l'intensité de la lumière émise par les atomes de calcium présents dans la photosphère supérieure du Soleil, couche où les oscillations sont les plus prononcées. Bien que la saison d'observation soit brève, la persistance de la lumière du jour permet de distinguer les fréquences d'oscillation avec plus de précision qu'en n'importe quel autre point du globe.

Dans une salle d'observation enfouie sous plus de un mètre de neige, un astronome surveille l'enregistrement des données télescopiques sur un ensemble d'appareils électroniques. Sur l'écran de télévision installé au-dessus de l'ordinateur et du magnétophone, l'image du Soleil apparaît sous forme d'un disque de 15 cm.

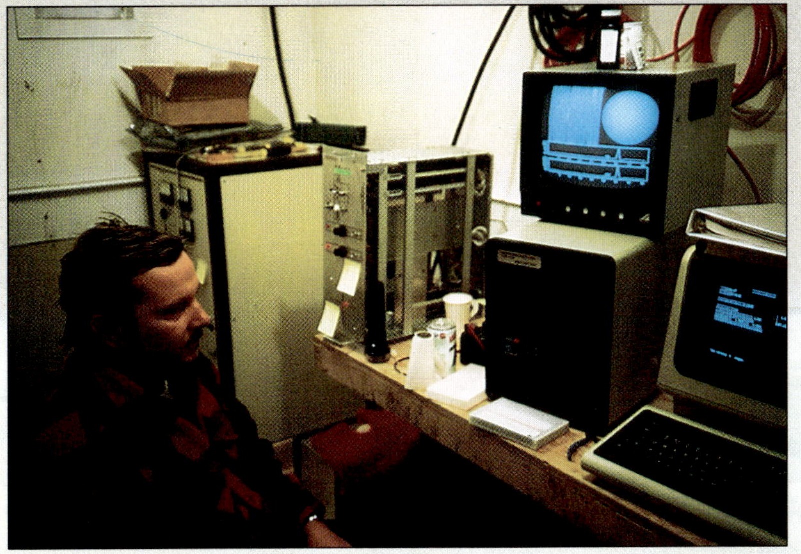

3/UN COMPAGNON TRÈS IN

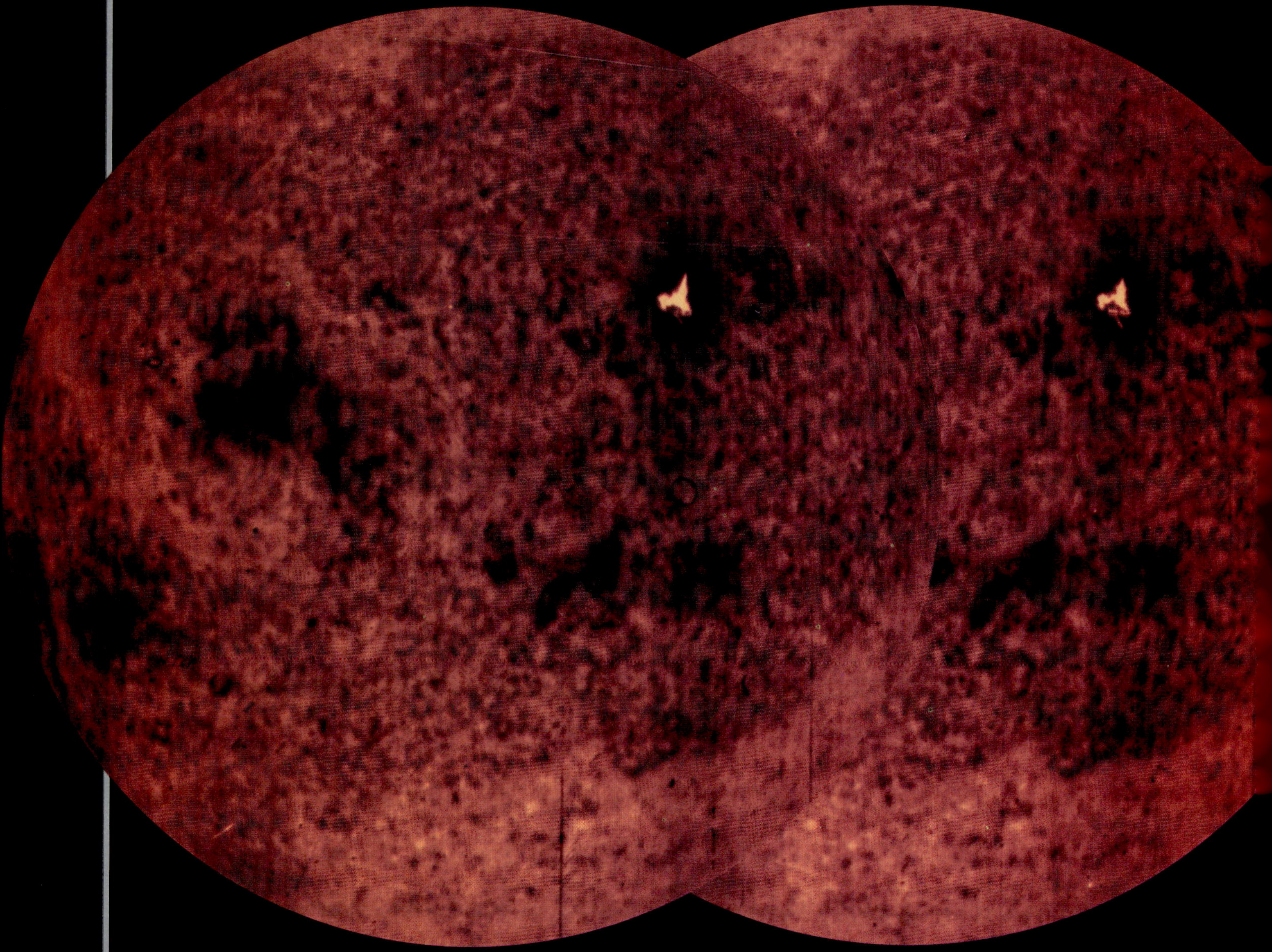

CONSTANT

Dans cette série d'images prise par Skylab le 15 juin 1973, une éruption solaire clignote à la surface du Soleil durant vingt-deux minutes — témoignant des inquiétants changements d'humeur de notre astre du jour.

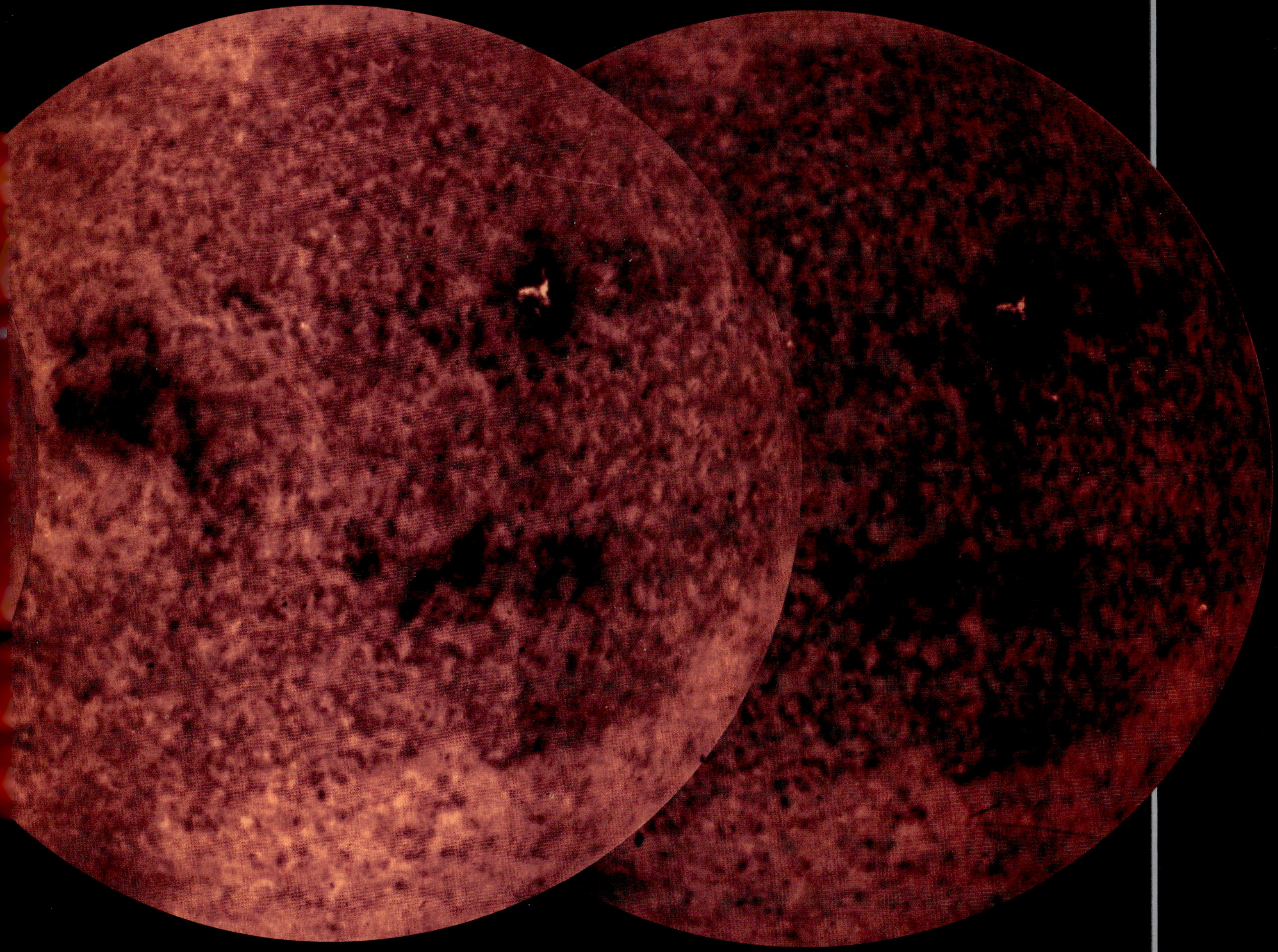

Plusieurs heures durant, alors que le 24 avril 1984 le président Ronald Reagan, en route pour la Chine, survolait l'océan Pacifique, un accès de colère du Soleil interrompit brutalement toutes les communications sur ondes courtes avec le sol: les radios de l'avion ne purent ni recevoir ni envoyer aucun message, et Ronald Reagan fut coupé du reste du monde à cause d'une étoile située à 150 millions de kilomètres de là. Bien que cette période d'isolement présidentiel eût pris fin sans incident, elle engendra quelques moments d'affolement au sein de l'état-major de l'US Air Force.

Les rayons X responsables de l'interruption des communications radio avaient pris naissance dans une éruption solaire si intense que les enregistrements de l'événement sortirent des diagrammes. Sur l'échelle spéciale utilisée par les physiciens solaires pour mesurer les éruptions, les sursauts s'étagent normalement entre un niveau bas C-1 et un niveau haut X-10, les deux extrêmes différant en magnitude d'un facteur 1000. Or cette éruption produisit un phénoménal X-13, et la tempête de rayonnement qu'elle déclencha sur Terre n'était toujours pas calmée le lendemain.

Le Soleil a toute une histoire faite de rafales d'éruptions successives alternant avec des périodes d'accalmie — parfois remarquablement longues. En fait, les données d'observation suggèrent que la seule constance de cette étoile à l'humeur changeante pourrait bien être son inconstance même. Les éruptions semblables à celle d'avril 1984 vont de pair avec l'apparition de grandes taches au cours d'un cycle d'activité solaire. Les éruptions peuvent toutefois se produire à n'importe quel moment d'un cycle, et l'intervalle habituel de onze années séparant deux paroxysmes de l'activité solaire peut atteindre treize ans ou se réduire à huit. Et, bien que les astronomes aient récemment découvert que le Soleil pouvait légèrement varier d'éclat, ils ne savent pas encore pourquoi ni comment cela se produit.

MESURER UNE ÉTOILE VARIABLE

Les physiciens solaires tentèrent pour la première fois de mesurer la luminosité du Soleil au début du XIXe siècle; ils n'imaginaient pas à l'époque que notre étoile puisse briller davantage à certaines époques qu'à d'autres. L'observateur français Claude Pouillet entreprit en 1837 de mesurer ce qu'il appela la constante solaire — c'est-à-dire la quantité totale d'énergie radiante du Soleil reçue pendant une minute par un centimètre carré de la surface terrestre. Pouillet construisit à cet effet un appareil à l'ingénieuse simplicité : une boîte en cuivre, noircie de façon à absorber les rayons du Soleil au lieu de les réfléchir, équipée d'un thermomètre et remplie d'eau. Il nomma son instrument pyrohéliomètre, à partir de mots grecs signifiant «chaleur», «soleil» et «mesure». Après l'avoir laissé à l'ombre jusqu'à ce que la température de l'eau se stabilise, il le plaça en pleine lumière et enregistra minute par minute les variations résultantes de la température. Les méthodes modernes de mesure de la constante solaire donnent des résultats tout à fait analogues à ceux de Pouillet : celui-ci avait obtenu la valeur de 1,76 calorie par centimètre carré par minute, à peine 9 pour cent de moins que la valeur aujourd'hui couramment acceptée de 1,96.

Moins de cinquante ans plus tard, un inventeur américain se mit en tête d'améliorer les mesures de Pouillet — incorrectement d'ailleurs, comme cela se révéla par la suite. Samuel Langley, issu d'une vieille famille de Nouvelle-Angleterre, fut secrétaire de la Smithsonian Institution de Washington de 1887 à 1906. Pionnier de l'aviation, il rivalisa même avec les frères Wright. Ses prototypes étaient aérodynamiques, mais des moteurs défectueux et des matériaux fragiles les expédièrent maintes fois dans la rivière Potomac.

Avant ces aventures, Langley avait successivement été ingénieur civil, architecte, professeur de collège et directeur de l'observatoire Allegheny à l'université de Pennsylvanie. C'est là, entre 1879 et 1881, qu'il construisit un appareil destiné à mesurer le rayonnement solaire. Aux dires d'un autre astronome, cet instrument était si sensible qu'«il pouvait détecter la chaleur émise par une vache paissant à cinq cents mètres de là». Le bolomètre de Langley (du mot grec «rayon») consistait en deux bandes noires de platine reliées à leurs extrémités pour constituer un pont de Wheatstone — dispositif qui mesure une résistance électrique en la comparant avec une résistance connue. Quand l'une des deux bandes était exposée au Soleil, la variation de sa température modifiait la résistance de la bande ; celle-ci induisait à son tour une variation proportionnelle du courant passant à travers le pont, qui pouvait être mesurée avec une précision telle que Langley décela des écarts de température aussi infimes que un millionième de degré, résultant d'une seule seconde d'exposition au Soleil.

Par la suite, Langley coupla le bolomètre à un spectromètre dont le prisme dispersait la lumière du Soleil ; il put ainsi mesurer l'intensité de l'énergie radiante du Soleil sur toutes les longueurs d'onde alors connues du spectre électromagnétique. Pour déduire la valeur de la constante solaire, il additionna ses mesures d'intensité — processus mathématique appelé «intégration sur le spectre» — et dans son estimation finale tint compte de la quantité d'énergie solaire absorbée par l'atmosphère terrestre.

Le 7 juillet 1881, Langley quitta la Pennsylvanie à bord d'un train chargé de plus de deux tonnes d'équipement, dont son bolomètre. Arrivé à San Francisco, quinze jours plus tard, il recruta un détachement militaire et réquisitionna des chariots et des mulets pour gravir les pentes du mont Whitney, culminant à 4 418 mètres. «Dans l'air calme de ces sommets, écrivit-il plus tard, les rayons du Soleil n'étaient pas atténués par les brouillards du sol.»

Il se trouva qu'une erreur dans le calcul de l'absorption atmosphérique de la lumière solaire sur le site d'observation donna des valeurs beaucoup trop élevées de la constante solaire (de 2,63 à 3,5 calories par centimètre carré par minute). Le bolomètre ultrasensible de Langley provoqua néanmoins une découverte capitale. En étudiant la partie infrarouge du spectre, Langley trouva un domaine «totalement inconnu de la science». Appelé aujourd'hui «infrarouge lointain» — de longueurs d'onde variant de 30 à 300 microns (ou millioniėmes de mètre) — ce phénomène a permis aux astronomes de débusquer des astres relativement froids, tels que les étoiles mortes ou moribondes, susceptibles de révéler les secrets de l'évolution stellaire.

Les mesures de la constante solaire furent améliorées deux décennies plus tard grâce au jeune astronome Charles Abbot. Après avoir décroché son diplôme au Massachusetts Institute of Technology en 1895, Abbot entra au Smithsonian Observatory. Tout comme Langley, il se montra en avance sur son époque dans de nombreux domaines. Il conçut notamment un four solaire portant son nom qui, convertissant l'énergie du Soleil en chaleur, lui

Les astronomes Samuel Langley *(en bas, à gauche)* et Charles Abbot, ici près d'un appareil de mesure solaire appelé pyrohéliomètre, ont passé plusieurs années à tenter de mesurer la constante solaire, c'est-à-dire la quantité d'énergie solaire reçue sur Terre par centimètre carré et par minute. Langley découvrit la partie du spectre solaire située dans l'infrarouge lointain, et Abbot se livra à l'analyse d'importantes données historiques sur les variations de l'activité solaire.

permettait de faire cuire sa viande et son pain au cours des longues séances d'observation passées au sommet de montagnes isolées.

En 1903, Abbot apprit que les mesures les plus récentes du Smithsonian Observatory indiquaient une baisse de 10 pour cent de la constante solaire. L'énormité de ce chiffre fit douter Abbot de son exactitude et il entreprit de le vérifier par lui-même; il consacra alors le restant de sa vie à tenter de déterminer une valeur précise. Il organisa à cet effet de nombreuses expéditions, transportant son matériel du niveau de la mer au sommet de montagnes telles que le mont Brukkaros, en Namibie, ou le mont Sainte-Catherine, dans la péninsule du Sinaï. À partir des faibles fluctuations irrégulières de la constante solaire quotidiennement décelées sur chacun des sites, Abbot déduisit que «le Soleil est une étoile variable». Mais ses collègues demeurèrent sceptiques: les fluctuations pouvaient tout aussi bien être dues à des distorsions atmosphériques qu'à des instruments mal étalonnés.

LA PREUVE DE L'INCONSTANCE

La thèse de Charles Abbot s'est finalement vue confirmée par des moniteurs de contrôle solaire embarqués sur satellite. Même si le Soleil émet la majeure partie de son rayonnement dans la partie visible du spectre électromagnétique, l'atmosphère terrestre filtre de nombreuses autres longueurs d'onde qui contribuent au flux total d'énergie solaire. Les molécules de l'ozone atmosphérique, par exemple, absorbent la lumière ultraviolette, de longueurs d'onde plus courtes que la lumière visible, alors que le dioxyde de carbone et la vapeur d'eau font écran à la plupart des infrarouges, de plus grandes longueurs d'onde.

Les astrophysiciens attachés à mesurer avec précision la constante solaire se félicitèrent de l'avènement, au cours de la guerre, de fusées qui leur permirent de s'élever «par procuration» au-dessus de l'atmosphère terrestre. En 1946, les physiciens solaires du Naval Research Laboratory à Washington expédièrent à 50 km d'altitude une fusée V-2 récupérée en Allemagne, afin d'obtenir la première image spatiale du spectre solaire. Les mesures extraterrestres du débit d'énergie du Soleil, principalement dans le domaine ultraviolet, se poursuivirent dans les années 1950 avec le lancement des fusées Aerobee. La technologie de surveillance inaugurée au cours de ces vols — en particulier les spectromètres ultraviolets susceptibles de mesures dans un environnement spatial — permit à la NASA de lancer en 1962 OSO-1 (Observatoire solaire en orbite), premier d'une série de dix satellites consacrés à l'observation du spectre solaire. Hélas, aucun d'entre eux n'embarqua un instrument apte à mesurer la constante solaire; ce fut la tâche des avions, fusées ou vols occasionnels de ballons, mais leurs rudimentaires instruments et leurs brèves observations étaient nettement insuffisants pour détecter les variations de l'énergie solaire.

C'est seulement en 1980 que les astrophysiciens acquirent la preuve de la variabilité du Soleil. Le 14 février, la NASA plaça en orbite le satellite Solar Maximum Mission, à 650 km d'altitude. Cet engin de 2 300 kg transportait un détecteur extraordinairement sensible appelé ACRIM qui, aux dires de son inventeur Richard Willson, du Jet Propulsion Laboratory de Pasadena, «révolutionna les mesures de la constante solaire».

ACRIM mesurait la constante solaire en ouvrant et fermant successivement une cavité conique aux parois noires maintenue à température constante par des serpentins chauffants alimentés par un courant électrique. Chaque fois que les parois recevaient la pleine lumière du Soleil, la puissance requise pour chauffer la cavité chutait brusquement et ACRIM enregistrait fidèlement la baisse. Toutes les deux minutes, l'instrument convertissait les mesures en une valeur de la constante solaire, avec une erreur de seulement 0,005 pour cent. Les mesures effectuées par ACRIM fixèrent ainsi cette constante à la valeur moyenne de 1 367,5 watts par mètre carré de surface hors atmosphère terrestre à une unité astronomique de distance, c'est-à-dire la distance moyenne Terre-Soleil. (L'adoption des watts au lieu de calories comme unité de mesure de la constante solaire fut effective à la fin des années 1960, en réponse à la précision accrue du détecteur à cavité.)

ACRIM révéla également que le débit d'énergie global du Soleil varie chaque jour. Plus surprenant encore, il enregistra une baisse de 0,1 pour cent de la luminosité du Soleil entre 1980 et 1986, où elle fut au plus bas avant de commencer à remonter. Bien que les climatologues continuent de débattre des effets de telles variations sur le climat terrestre, la plupart des astronomes ne remettent plus en question la variabilité du Soleil.

LE SOLEIL MODIFIE SES TACHES

Par-delà l'inconstance de sa «constante solaire», le Soleil s'est révélé être une étoile très variable à bien des titres. Il fallu attendre la fin du XVIe siècle et les observations de Tycho Brahé de la Nova de 1572 pour que les philosophes de la nature renoncent au dogme de l'incorruptibilité des cieux. Mais aux XIXe et XXe siècles des indices s'accumulèrent, prouvant que le Soleil avait autrefois connu de longues périodes d'inactivité — y compris à l'époque d'Aristote — qui avaient pu donner l'impression d'une certaine sérénité.

En 1843, l'astronome amateur allemand Heinrich Schwabe établit que les taches naissent et meurent selon un cycle de 10,4 années (révisé plus tard à 11), mais ce schéma de prévision rassurant fut battu en brèche avant la fin du siècle. Étudiant en 1887 la distribution des taches solaires, l'astronome allemand Gustav Spörer nota qu'entre 1645 et 1715 le nombre de taches recensées dans la littérature scientifique de plusieurs pays européens tombait pratiquement à zéro. Malgré les deux articles publiés pour décrire ces anomalies, sa contribution demeura ignorée. En 1890, Edward Maunder, directeur du département solaire de l'observatoire de Greenwich, eut connaissance des découvertes de Spörer et décida de se remettre à la tâche en compilant les mêmes annales, plus d'autres. Et Maunder s'aperçut que Spörer avait raison: les comptes rendus d'observations solaires n'avaient recensé aucune tache sur l'hémisphère Nord du Soleil entre 1672 et 1704. En fait, tout au long de la période de soixante-dix ans étudiée par Spörer,

Au milieu des années 1970, John Eddy *(ci-dessous, à droite)* reprit le travail commencé plusieurs décennies auparavant par Edward Maunder *(à droite)* et Andrew Douglass *(en bas)*, qui avaient suggéré que le Soleil connaît des variations significatives de son débit d'énergie. En étudiant vers 1890 les annales astronomiques anciennes, Maunder trouva des «blancs» importants dans le cycle solaire de onze ans. À peu près à la même époque, Douglass étudia le motif des anneaux de croissance des arbres, et Maunder tenta de les relier aux cycles de variabilité des taches. La communauté scientifique ignora largement les conclusions des deux hommes jusqu'à ce qu'Eddy, que l'on voit ici avec un instrument servant à mesurer le diamètre du Soleil, confirme leurs données en les recoupant avec celles d'autres savants.

il avait été aperçu nettement moins de taches qu'au cours d'une seule année moyenne de l'époque de Maunder.

Les astronomes du XVIIe siècle avaient pourtant parfaitement eu conscience de la pénurie de taches solaires. Quand en 1671 Giovanni Cassini relata l'observation d'une tache dans une publication scientifique, l'éditeur du journal souligna qu'à sa connaissance aucune autre tache n'avait été vue depuis des années. Pourtant, lorsque Maunder publia ses découvertes en 1894 — et de nouveau en 1922, pour affirmer son inébranlable conviction — la communauté scientifique ne lui prêta guère attention.

La lumière sur toute l'affaire surgit d'une source inattendue au début des années 1900: l'étude des anneaux de croissance des arbres. Juste avant le tournant du siècle, un astronome de Harvard âgé de vingt-sept ans, Andrew Douglass, fut nommé directeur adjoint de l'observatoire Lowell, en Arizona. Au cours de ses promenades dans les forêts toujours verdoyantes qui tapissent les collines de cette région, il commença à examiner avec curiosité les anneaux concentriques apparaissant dans les troncs de pins abattus. Il nota que non seulement leur largeur variait, mais que des arbres différents présentaient la même disposition d'anneaux larges ou étroits.

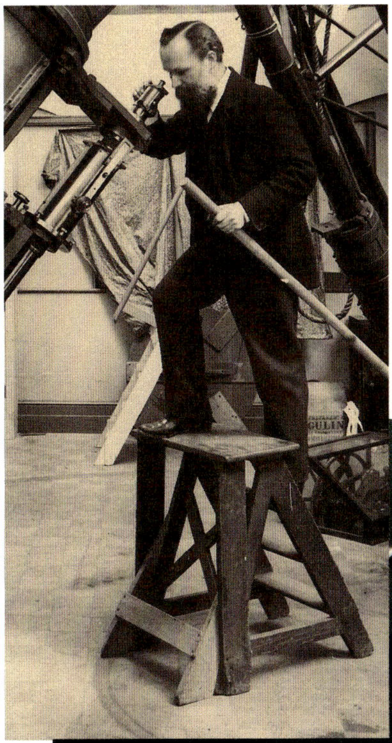

Cette trouvaille le conduisit à fonder la dendrochronologie, science moderne qui permet de dater les arbres à partir de leurs anneaux. En 1914, après vingt années passées à étudier les troncs d'arbres de tout âge à travers le monde, Douglass annonça que ces anneaux constituaient un calendrier précis des climats du passé. En période de sécheresse, les arbres croissent peu et leurs anneaux, indicateurs de la quantité de tissu nouvellement formé à la périphérie du tronc, sont peu espacés; durant les années humides, au contraire, les arbres poussent bien et leurs anneaux sont plus espacés.

Astronome, Douglass connaissait bien le cycle solaire de onze ans et se demanda si celui-ci pouvait se refléter d'une façon ou d'une autre dans la structure des anneaux. Revoyant ses données, il fut convaincu d'avoir trouvé la preuve d'une corrélation: un cycle de onze ans semblait transcender la variabilité annuelle des anneaux. Mais il trouva également de longues périodes au cours desquelles la variation de croissance devenait indiscernable: les anneaux étaient serrés et régulièrement espacés.

Un jour de 1922, Douglass recut une lettre de Maunder en personne, lui rapportant l'absence de taches solaires entre 1645 et 1715 et lui demandant de rechercher un motif uniforme d'anneaux d'arbre correspondant à cette période — ce qui, espérait Maunder, prouverait la validité de sa théorie sur l'épisode de somnolence solaire. L'échantillon de données de Douglass était toutefois trop restreint et ses techniques d'analyse trop grossières pour apporter une preuve statistique formelle de la thèse de Maunder. Mais bientôt de nouvelles données en provenance d'Angleterre, jointes à ses découvertes antérieures, convainquirent Douglass que l'activité du Soleil se reflétait bien dans les anneaux de croissance des arbres. Tout comme Maunder, Douglass ne parvint cependant pas à convaincre la communauté scientifique, et ses tentatives pour établir une corrélation précise entre les anneaux d'arbres et les minimums solaires tombèrent rapidement dans l'oubli.

UN SQUELETTE DANS LE PLACARD

Ce fut le physicien solaire John Eddy qui, flairant une énigme policière, ressuscita les thèses de Spörer, Maunder et Douglass. Il avait toujours été intrigué par les anciens comptes rendus historiques de l'absence de taches solaires. Au milieu des années 1970, il voulut prouver l'erreur de Maunder. «L'affaire des taches manquantes, déclara Eddy, est trop longtemps restée en suspens, tel un squelette dans le placard de la physique solaire.»

La fascination d'Eddy pour les étoiles datait du temps de ses études de navigation céleste à l'Académie navale d'Annapolis, Maryland. Lorsque, dix ans plus tard, il suivit le troisième cycle d'études d'astrophysique à l'université du Colorado, à Boulder, il fut néanmoins désappointé de constater que son laboratoire était spécialisé dans l'étude du Soleil, qui à l'époque ne représentait pour lui qu'une «étoile morne». Il se mit à éplucher les annales que Spörer et Maunder avaient consultées, et changea vite d'opinion: aboutissant exactement à la même conclusion que ses prédécesseurs, il baptisa cette ère d'inactivité solaire «minimum de Maunder».

La ronde des taches solaires

Les astronomes ont traqué les taches solaires facilement observables, sur une période de 2 500 ans. Ils ont remarqué que ces «défauts» naissent et meurent selon un cycle d'environ onze ans (certains chercheurs pensent aujourd'hui entre dix et douze ans). Bien que le mécanisme précis d'un cycle reste à déterminer, les savants ont reconstitué une partie du puzzle.

Les taches semblent régies par trois aspects de la physique solaire: tout d'abord, le Soleil est constitué de couches gazeuses. Ensuite, il est en rotation différentielle — tournant plus vite à l'équateur qu'aux pôles. Enfin, il possède un champ magnétique. Au moment du minimum solaire qui marque le début d'un cycle, les lignes de champ magnétique semblent constituer un faisceau ordonné parcourant d'un pôle à l'autre les couches superficielles de gaz. Mais, l'astre tournant plus vite à l'équateur, les lignes de champ s'écartent de leur orientation nord-sud. Les gaz chauds qui montent des profondeurs et les gaz plus froids qui redescendent créent des courants de convection étirant en biais les lignes, qui finissent par s'enrouler en minces torsades perçant la photosphère. Les champs magnétiques freinent le mouvement des particules chargées et la convection de l'énergie thermique; les zones où émergent les lignes de champ sont plus froides que leurs environs et prennent l'aspect de taches sombres sur le fond brillant de la surface.

Grâce à l'étude des cycles solaires, les astronomes espèrent approfondir leur connaissance des processus internes du Soleil et découvrir des indices reliant l'activité solaire aux changements climatiques de la Terre. L'examen des annales astronomiques et climatiques a par exemple revélé que l'activité des taches avait connu un niveau extrêmement bas entre 1645 et 1715; connue sous le nom de minimum de Maunder, cette période a coïncidé avec un froid si intense qu'elle fut baptisée «petit âge glaciaire». Une recherche analogue, combinée entre autres à la datation au carbone 14 des anneaux de croissance des arbres, a amené à suggérer que la Terre avait connu six minimums de ce genre au cours des cinq derniers millénaires, et en connaîtra probablement d'autres dans le futur.

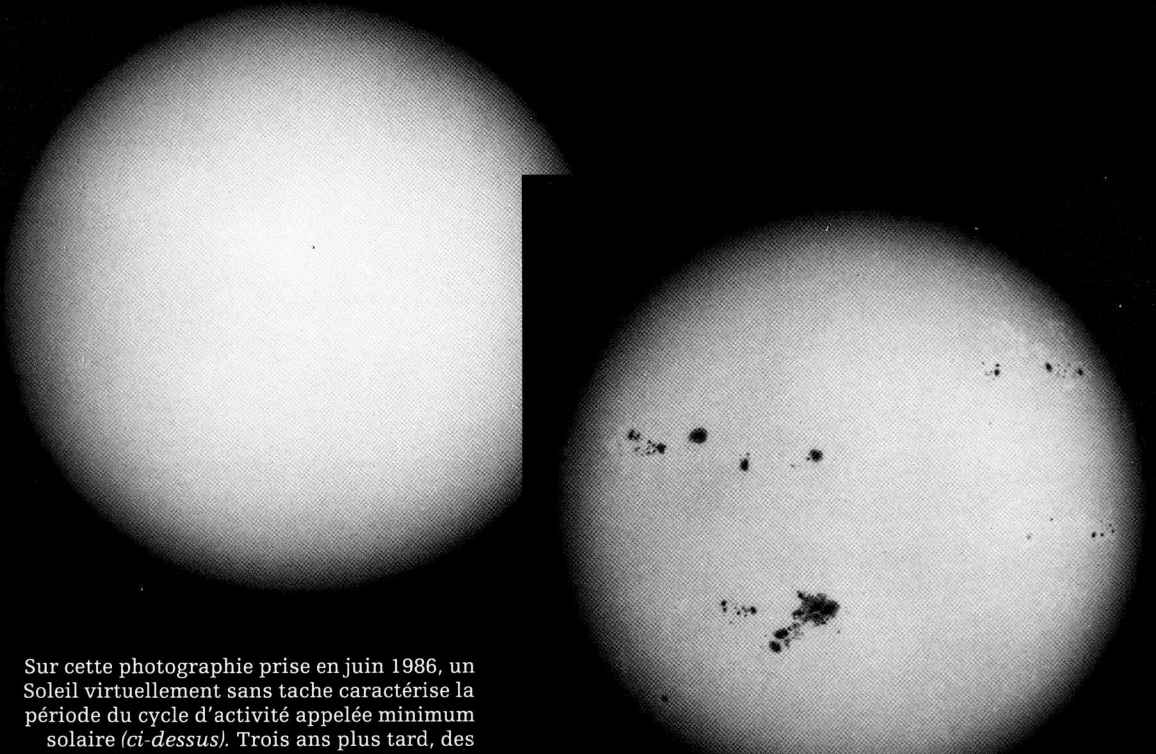

Sur cette photographie prise en juin 1986, un Soleil virtuellement sans tache caractérise la période du cycle d'activité appelée minimum solaire *(ci-dessus)*. Trois ans plus tard, des dizaines de taches se pressent de part et d'autre de l'équateur *(à droite)*, signalant le début de la période appelée maximum solaire.

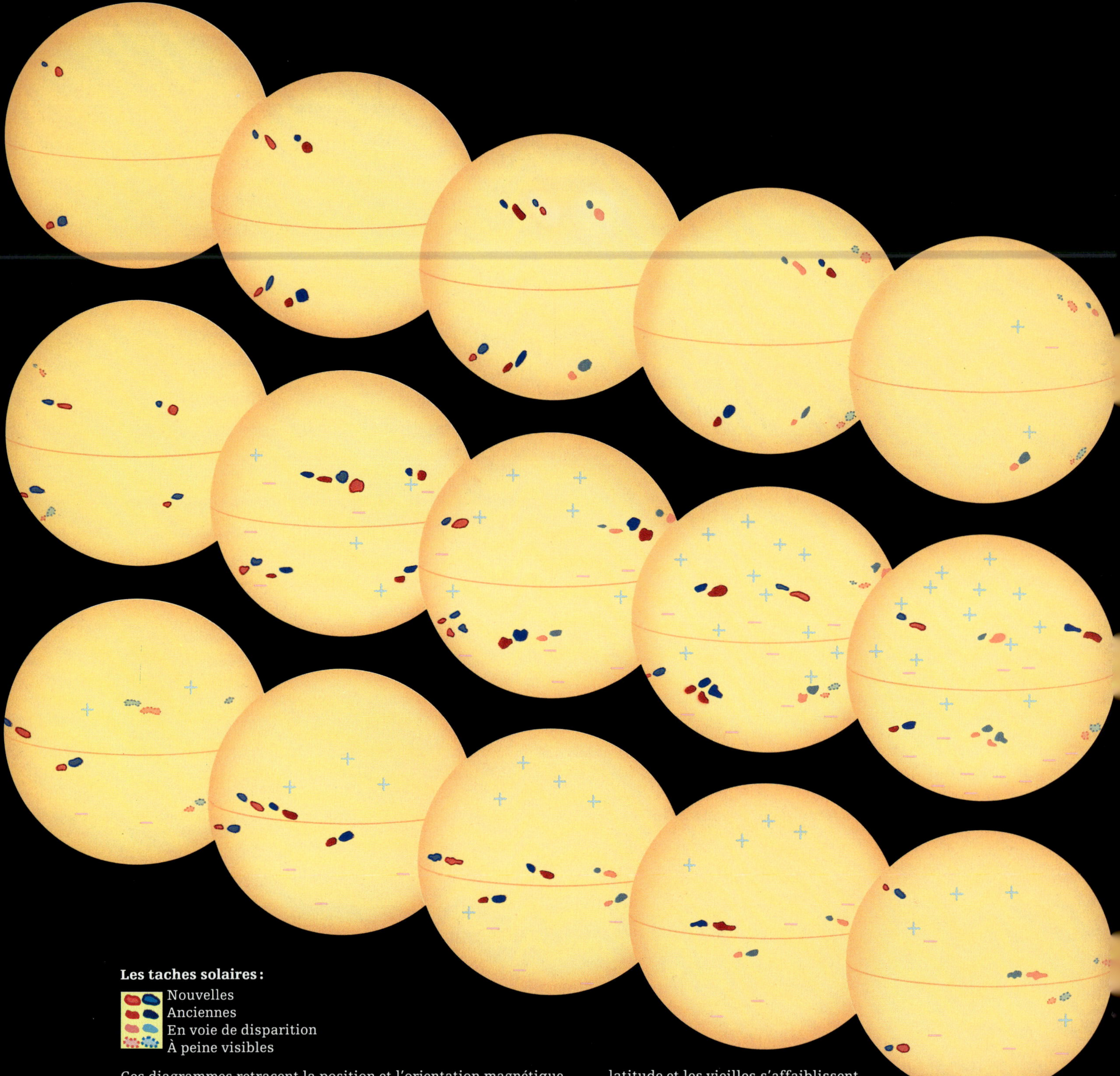

Ces diagrammes retracent la position et l'orientation magnétique des taches solaires sur des intervalles de dix jours au cours des différentes phases d'un cycle d'activité. Au minimum solaire *(rangée du haut)*, une paire de taches apparaît dans chaque hémisphère, à une latitude d'environ 35 degrés. Dans cet exemple, la tache de tête dans l'hémisphère Nord est négative *(en rouge)*, indiquant que le pôle Nord a une orientation négative, et la tache de tête dans l'hémisphère Sud est positive *(en bleu)* ; dans tous les cas, la tache de queue a une polarité opposée à celle de sa compagne. À mesure que le Soleil tourne, de nouvelles taches continuent à surgir à la même latitude et les vieilles s'affaiblissent, répandant des résidus de leur polarité.

Environ quatre ans plus tard, au maximum solaire *(rangée du milieu)*, les taches saupoudrent la surface, mais la région comportant le plus de taches nouvelles se situe à moins de 20 degrés de l'équateur. Les zones de flux positif émigrent vers le pôle Nord négatif, celles de flux négatif vers le pôle Sud positif. À la fin du cycle *(rangée du bas)*, les taches s'éparpillent jusqu'à environ 5 degrés de l'équateur. De nouvelles paires naissent alors vers 35 degrés, avec des polarités inversées.

Le magnétisme migrateur du Soleil

Dans la période initiale du cycle solaire, les paires de taches — dont la vie peut être de quelques heures ou de plusieurs mois — naissent par petits groupes dans chaque hémisphère, à environ 30 degrés de l'équateur. Au fur et à mesure que se déroule le cycle, les taches s'effacent et de nouvelles apparaissent de plus en plus près de l'équateur.

Dans chaque paire, les taches ont des polarités magnétiques opposées. La tache dite de tête, un peu plus proche de l'équateur, a l'orientation magnétique du pôle de l'hémisphère correspondant, et la tache de queue l'orientation opposée.

Environ un an après le maximum des taches, les pôles inversent leur orientation et le champ magnétique d'ensemble du Soleil commence à se restructurer. Ainsi, le cycle étant de onze ans dans chaque sens, l'évolution globale de polarité magnétique du Soleil en requiert le double.

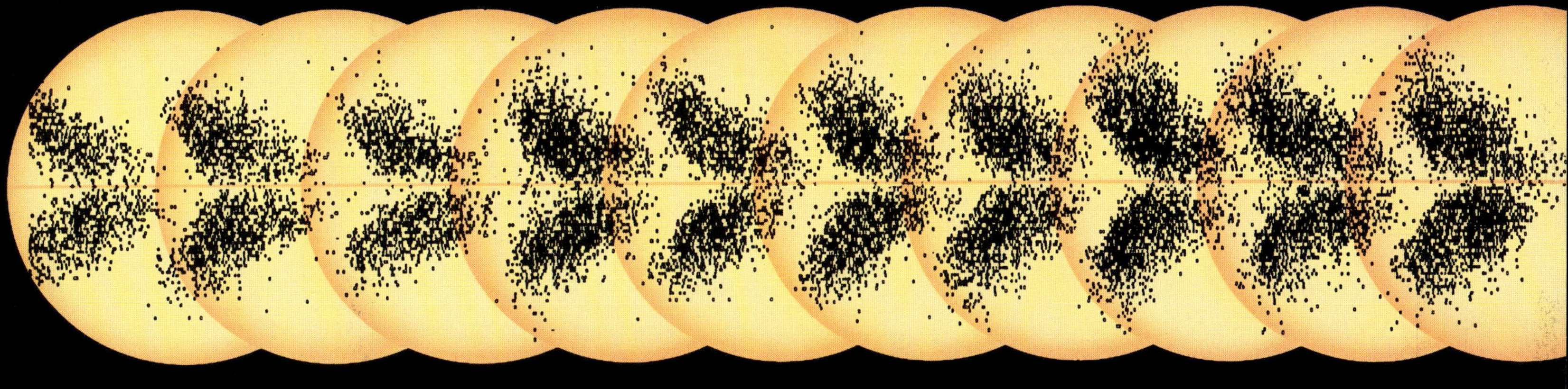

La cohérence du mécanisme de formation des taches se manifeste dans les diagrammes «en papillon» *(ci-dessus)*. Conçus par Edward Maunder en 1904, ils retracent la distribution des taches solaires tout au long des dix cycles de onze ans compris entre 1880 et 1990. En général, les taches se forment d'abord aux latitudes élevées, puis se rapprochent de l'équateur solaire; les diagrammes révèlent toutefois un chevauchement de trois années entre les cycles successifs.

Le graphique ci-dessous indique le nombre annuel moyen de taches et de groupes de taches solaires entre 1610 et 1980. En dépit d'observations anciennes très sommaires, on admet aujourd'hui que le minimum de Maunder, entre 1645 et 1715, a réellement correspondu à une baisse sensible de l'activité solaire. La forte augmentation du nombre de taches qui suivit, de 1710 à 1790, ainsi que les variations ultérieures ont conduit certains astronomes à suggérer l'existence d'un cycle solaire d'environ quatre-vingts ans.

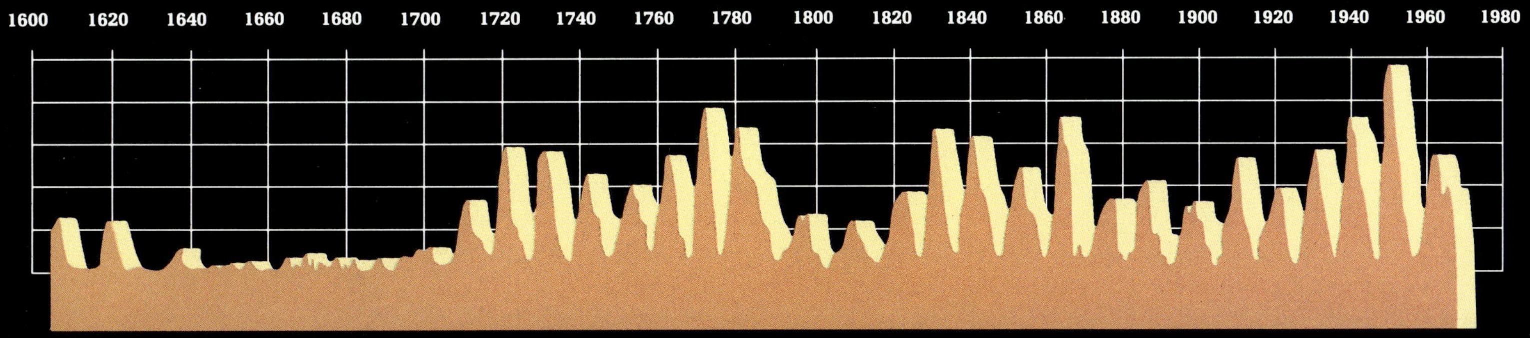

Cette fois, l'affaire des taches manquantes ne laissa plus la communauté indifférente, en partie parce que Eddy sut corroborer sa découverte par d'autres preuves issues de domaines différents. Les géophysiciens savent par exemple que les spectaculaires aurores boréales sont déclenchées sur Terre par l'éruption de nombreuses taches. Or, tout au long d'une période de trente-sept ans qui s'acheva en 1708, aucune aurore ne fut recensée nulle part. Une autre indication provint d'annales rapportant l'absence complète d'aurore au-dessus de Londres au cours de la période de soixante-trois ans s'achevant en 1708, alors que de nos jours on peut en observer des centaines sur une même période. Edmund Halley lui-même, qui découvrit la comète portant son nom, scruta toute sa vie le ciel en quête d'une aurore ; il dut attendre ses soixante ans pour en apercevoir enfin une.

Eddy consolida son dossier par des confirmations figurant dans les annales astronomiques du Japon, de Corée et de Chine entre 1639 et 1720 (les astronomes de ces trois pays avaient soigneusement consigné la trace de tels événements depuis le troisième siècle de l'ère chrétienne).

Eddy publia l'ensemble de ses données en 1976. Il y affirmait que la non-observation de taches solaires durant la période en question ne pouvait pas être attribuée à un manque d'attention. Non seulement les astronomes européens du XVIIe siècle disposaient de télescopes bien plus puissants qu'il n'était nécessaire pour déceler une tache, mais au début des années 1900 des observateurs à l'œil nu tels Johannes Hevelius et Christoph Scheiner avaient réalisé des dessins de taches aussi détaillés que les images photographiques dues aujourd'hui aux télescopes optiques.

LA CLÉ DE LA PORTE DU PLACARD

La confirmation la plus convaincante de la théorie d'Eddy sur les silences prolongés du Soleil vint d'un réexamen beaucoup plus raffiné des anneaux de croissance des arbres. Depuis l'époque de Douglass, les savants avaient fait nombre d'autres découvertes montrant que les anneaux de croissance reflètent non seulement les changements de climat mais aussi la composition chimique de l'atmosphère. Par exemple, lorsque du dioxyde de carbone atteint une feuille d'arbre, il s'incorpore au nouveau tissu déposé dans l'anneau extérieur du tronc. Les scientifiques étudient deux formes de ce dioxyde de carbone : un isotope appelé carbone 12 et l'isotope radioactif carbone 14, créé lorsque des rayons cosmiques de haute énergie frappent les molécules d'azote de la haute atmosphère. Le carbone 14 se transformant en carbone 13 selon un taux connu, le rapport des deux isotopes mesuré aujourd'hui dans un anneau d'arbre révèle la quantité de carbone 14 présente dans l'atmosphère au moment où s'est formé l'anneau.

Eddy s'intéressa à cette proportion : lorsque le Soleil est actif, il émet en effet de grandes quantités de particules chargées qui forment le vent solaire ; celles-ci enveloppent la Terre et dévient une grande partie des rayons cosmiques à l'origine du carbone 14. Les périodes d'inactivité solaire prolongée et l'accalmie correspondante du vent solaire doivent déterminer une proportion

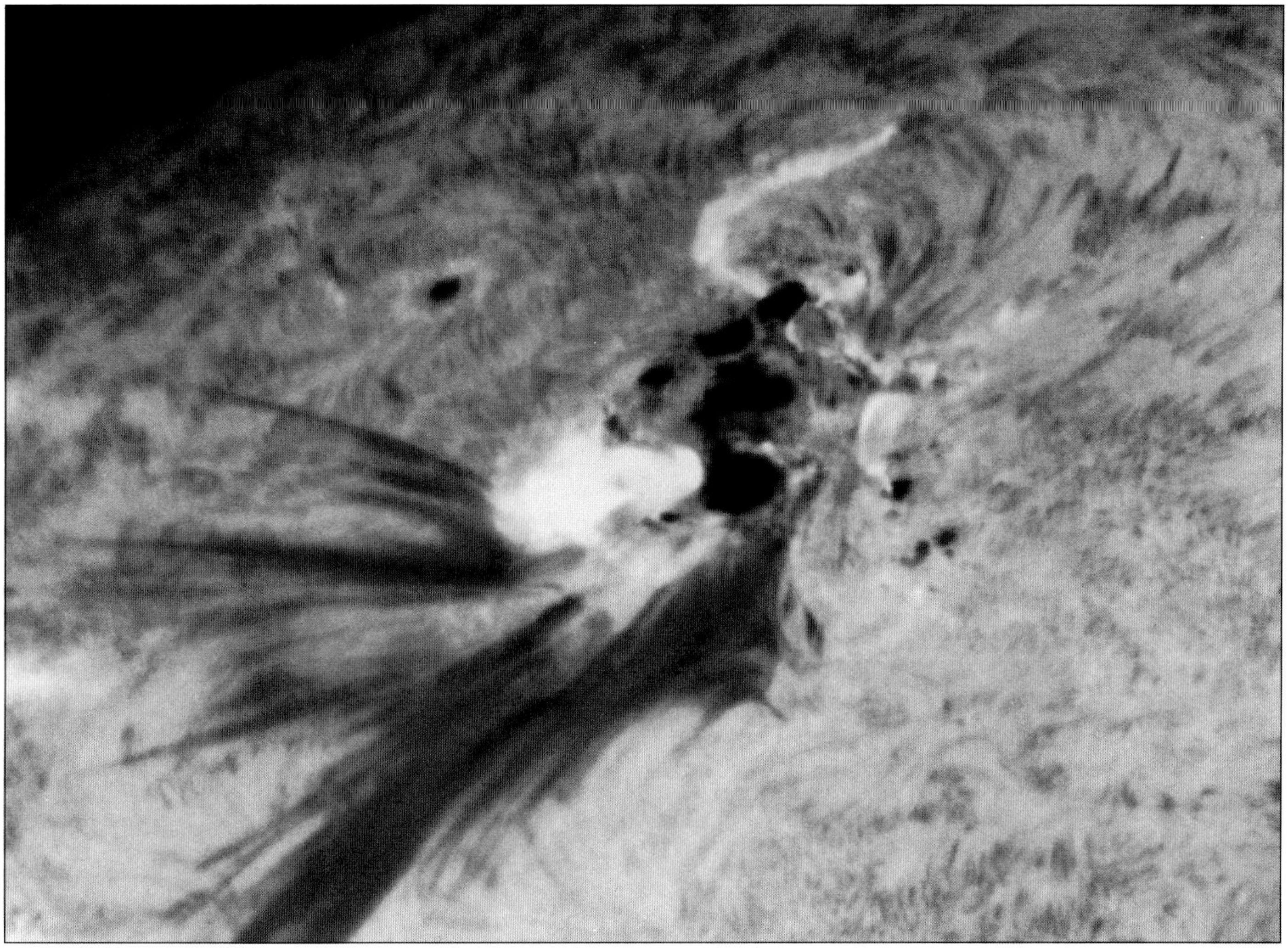

Les grandes éruptions solaires libèrent à peu près autant d'énergie qu'une bombe de dix milliards de mégatonnes ; elles détériorent les systèmes de communications terrestres et les réseaux électriques, et engendrent des aurores polaires jusqu'à des latitudes où elles sont habituellement invisibles. La plume de matière éjectée par cette éruption de mars 1989 atteignit quelque 200 000 km.

accrue de carbone 14. C'est exactement ce que trouva Eddy : la quantité de carbone 14 contenue dans les anneaux d'arbres datant des années 1640 à 1720 était notablement plus importante que celle des autres années.

Eddy s'attacha ensuite à prouver l'existence d'autres minimums — et maximums — solaires en comparant systématiquement les comptes rendus d'observation de taches aux anneaux de croissance d'arbres. Il mit ainsi en évidence une longue période de calme solaire entre 1420 et 1530, coïncidant avec des dépôts plus abondants de carbone 14 dans les anneaux des arbres de cette époque. Eddy appela cette période minimum de Spörer, en hommage au savant qui le premier avait noté le phénomène. Il trouva également une période d'intense activité solaire, correspondant à un faible niveau de carbone 14, au XIIe siècle et au début du XIIIe. Au cours de cette période, baptisée maximum médiéval, les aurores illuminèrent les cieux de toute l'Europe avec une fréquence et un éclat inaccoutumés.

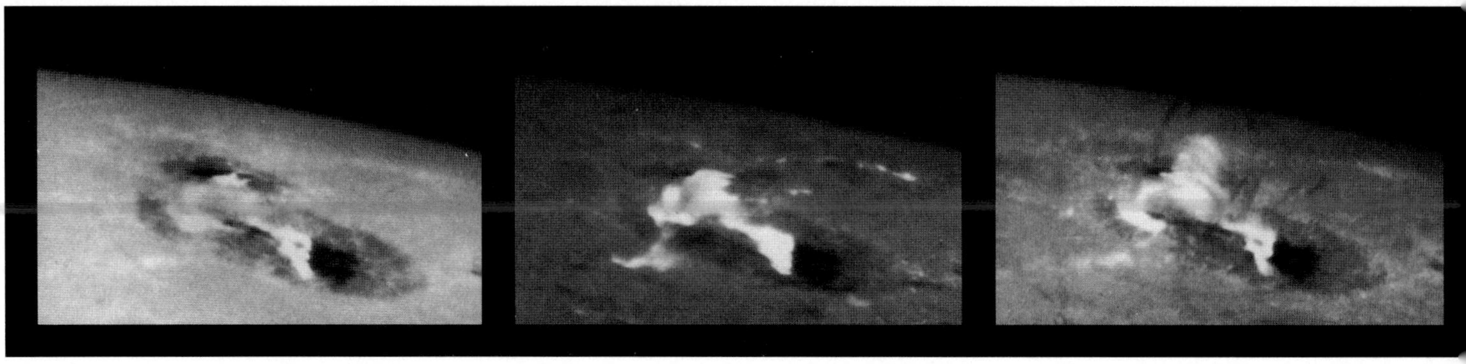

À la suite d'une éruption solaire, la matière commence à pleuvoir sur la surface du Soleil, formant des protubérances en boucle qui suivent les lignes du champ magnétique s'arcboutant entre deux taches ; c'est au sommet des arches que la matière est la plus dense et brillante.

Eddy s'orienta enfin vers le séquoïa, le plus vieil arbre du monde, pour y déceler la trace d'événements encore plus anciens. À partir de mesures de fragments de bois morts effectuées par d'autres savants, il put lire dans les anneaux d'arbres toute l'histoire de l'activité solaire remontant jusqu'à l'âge de bronze; il trouva d'autres épisodes d'accalmie, chacun durant de cinquante à plusieurs centaines d'années et les trois périodes les plus récentes étant corroborées par les annales astronomiques. Rassemblant toutes les données, Eddy en conclut que le Soleil avait passé presque un tiers de son existence dans un état relativement inactif.

Les découvertes de Spörer, Maunder et Douglass se virent désormais confirmées sans l'ombre d'un doute. «La réalité du minimum de Maunder et ses conséquences sur une variabilité fondamentale du Soleil, déclara Eddy devant un nombreux auditoire scientifique en 1976, n'est peut-être qu'une défaite supplémentaire dans notre combat à vouloir un Soleil parfait, et sinon parfait du moins constant, et sinon constant du moins régulier. Mais souhaiter que le Soleil soit ainsi alors que les autres étoiles ne le sont pas constitue davantage une question de sociologie que de physique.»

LES FLAMBÉES DE COLÈRE DU SOLEIL

Parmi les nombreuses questions précises de la physique solaire, la plus pressante est peut-être celle de savoir si le comportement à court terme du Soleil peut être prévu avec une certaine précision. Dans l'affirmative, les astrophysiciens et les climatologues seront capables d'anticiper les manifestations les plus violentes et destructrices de l'astre, afin de s'y préparer de façon adéquate. Comme l'a fait remarquer Donald Neidig, astronome au Sacramento Peak Observatory (Nouveau-Mexique), «une éruption réellement importante peut produire suffisamment d'énergie pour alimenter une grande ville en électricité pendant 200 millions d'années».

Typiquement, ces fantastiques éruptions naissent sous forme d'une boucle brillante à peine perceptible. Au bout de quelques heures seulement, la boucle explose en crachant dans l'espace des milliards de tonnes de gaz — ainsi qu'un large éventail de rayonnement électromagnétique et de particules énergétiques. Huit minutes plus tard, une puissante vague de rayons X et ultraviolets atteint la Terre et altère radicalement la structure d'ionisation de l'atmosphère supérieure de la planète, ce qui se répercute sur la manière dont les ondes radio sont réfléchies par cette couche. Bien qu'une

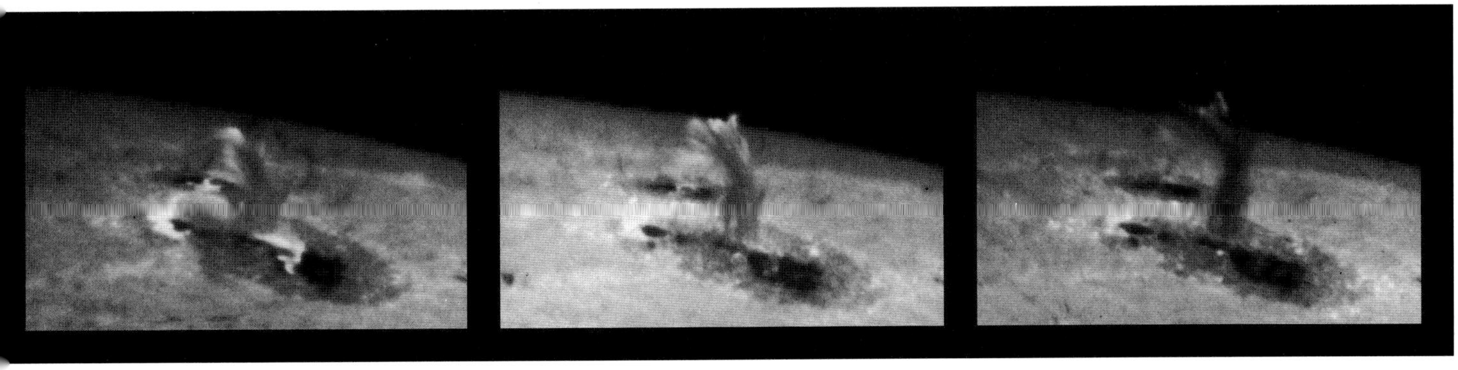

faible partie seulement de la matière éjectée par une éruption parvienne à la Terre, elle peut être suffisante pour perturber les communications et les réseaux électriques de la planète. Quelque trente minutes plus tard, le voisinage de la Terre est bombardé par des protons de haute énergie potentiellement dangereux, voyageant à un quart de la vitesse de la lumière. C'est ainsi que les astronautes en route vers la Lune ou Mars, donc au-dessus de la magnétosphère terrestre — couche protectrice de notre planète constituée de gaz, de courants électriques et de champs magnétiques — pourraient être mortellement atteints par irradiation. Un ou deux jours après l'éruption, le dernier assaut est une onde de choc électromagnétique, perturbation à grande vitesse engendrée par l'expulsion de la matière solaire.

Rarement éruption solaire a été plus dramatique que celle du début de mars 1989. Pendant dix jours consécutifs, une série de violents sursauts déversa une pluie de rayonnement, de particules énergétiques et de magnétisme qui coupa l'électricité sur toute la province du Québec, annihilant les fréquences radio habituelles, et drapa les cieux nocturnes de l'hémisphère Nord d'aurores boréales pourpres qui purent être aperçues jusqu'en Floride.

Le flux d'extrêmes ultraviolets des éruptions ayant chauffé et dilaté l'atmosphère supérieure de la Terre, la viscosité atmosphérique augmenta et réduisit l'énergie orbitale de plusieurs centaines de satellites situés en orbite basse. Cela les entraîna vers des orbites de plus en plus basses et rapides, si bien que les contrôleurs au sol perdirent momentanément tout contact avec eux. Parmi les sept mille corps suivis par le réseau de surveillance spatial américain, un certain nombre disparurent du champ d'observation.

Les militaires s'intéressent de très près à l'étude des éruptions solaires en raison de la menace qu'elles font peser sur les systèmes de communications radio. Le black-out des communications d'avril 1984, par exemple, fut provoqué par le rayonnement de haute énergie — essentiellement dans les longueurs d'onde X et ultraviolette — issu d'une éruption qui brisa les atomes de l'ionosphère terrestre, accroissant dans les couches supérieures la densité de particules chargées au point que l'ionosphère absorba les ondes radio de courte longueur d'onde entre 3 et 30 MHz, au lieu de les réfléchir.

Les mêmes circonstances peuvent cependant parfois faciliter la transmission des signaux radio à très haute fréquence (VHF, entre 30 et 300 MHz), dont le rayon d'action est normalement limité à 900 km. C'est ainsi que le 13 mars 1989 un radioamateur de Rhode Island, aux États-Unis, réussit à contacter, sur la bande de 50 MHz, un opérateur basé en Angleterre.

Les conséquences les plus visibles d'une éruption solaire sont peut-être les spectaculaires aurores polaires apparaissant sous forme de bandes de lumière suspendues en plis à travers le ciel, où elles peuvent clignoter durant quelques minutes ou luire régulièrement pendant plusieurs heures. Bien que les aurores ne se matérialisent d'ordinaire qu'à des latitudes élevées, à moins de 20 degrés des pôles magnétiques terrestres, des aurores boréales particulièrement intenses ont été observées jusqu'à Cuba, Mexico et même Singapour, à un degré seulement au nord de l'équateur. Des aurores australes ont également été vues au sud dans des régions aussi éloignées du pôle que les îles Samoa, à 10 degrés au sud de l'équateur.

UN GIBIER INSAISISSABLE

En dépit des effets évidents qu'une éruption solaire déclenche sur Terre, son mécanisme conducteur reste largement ignoré des astronomes. Un obstacle important est l'atmosphère terrestre, qui ne laisse passer que les longueurs d'onde visibles et quelques ondes radio. Les rayons X, gamma et la plupart des ultraviolets ne peuvent être captés que de l'espace.

Le 14 mars 1973, la NASA procura les moyens d'effectuer de telles mesures en lançant Skylab, premier satellite d'observation solaire habité. Jusque-là, les astrophysiciens avaient dû recourir à tout un arsenal de fusées, de ballons et de satellites dont les détecteurs peu sophistiqués et les brèves incursions au-dessus de l'atmosphère ne donnaient que de faibles aperçus des éruptions solaires. Le télescope Apollo de Skylab *(page 116)* fut quant à lui hérissé de douze tonnes d'instruments d'observation, la surveillance constante du Soleil ne s'interrompant qu'aux moments où le vaisseau spatial passait dans l'ombre de la Terre. En assistant à la naissance d'une éruption, les chercheurs espéraient trouver la clé de l'énigme. Mais le Soleil ne se montra

Au cours d'une mission de la navette spatiale *Challenger* en avril 1984, les astronautes George Nelson et James van Hoften, aidés par le reste de l'équipage, effectuèrent la première réparation de l'histoire sur un satellite, le *SMM* (Solar Maximum Mission). Nelson tenta d'abord de s'arrimer au satellite mais échoua *(première des deux photos)*; le sauvetage se termina triomphalement avec la capture, la réparation et le redéploiement du satellite, un outil fort efficace pour mesurer les variations du Soleil.

guère coopératif. Edward Gibson, astronaute scientifique à bord de Skylab, relata : « Chaque fois qu'on repérait un début d'éruption, le temps pour nous de mettre en marche les instruments, il était déjà trop tard pour observer la libération d'énergie initiale. »

Le lancement du satellite Solar Maximum Mission *(SMM)* en février 1980, juste avant le point culminant d'un cycle d'activité solaire, fournit aux scientifiques des moyens plus fiables pour assister au cycle complet d'une éruption. Parmi les sept instruments embarqués à bord du satellite, six étaient consacrés à l'examen des éruptions solaires. Malheureusement, moins de neuf mois après la mise en orbite de l'engin, trois fusées tombèrent en panne dans le module de contrôle de position assurant l'orientation correcte du *SMM*. Les physiciens furent fort déçus mais n'annulèrent pas pour autant la mission de l'engin ; ses constructeurs avaient en effet prévu que le satellite pourrait un jour nécessiter des réparations dans l'espace.

L'astronaute-mécanicien chargé de la réparation gagna le *SMM* à bord d'une navette spatiale, mais la mission ne se déroula pas comme prévu. À l'époque où le satellite tomba en panne, le premier lancement de la navette n'était fixé que cinq mois plus tard ; et, après que la navette eut pour la première fois quitté le sol en avril 1981, elle fut utilisée trois ans durant comme rampe de lancement de nouveaux satellites et non pour réparer les anciens. Au printemps de 1984, la NASA estima avoir lancé suffisamment de satellites et projeta l'envoi par navette d'une équipe de secours.

Le 8 avril, un équipage de cinq membres amena la navette *Challenger* à un rendez-vous orbital à trente mètres seulement du satellite en panne. Revêtu d'un scaphandre spatial et équipé d'un sac à dos propulsé à l'azote, l'astronaute George Nelson vola sans attache vers le *SMM* pour tenter d'accrocher un système de fixation sur le satellite en rotation lente. Mais sa tentative échoua de façon imprévue : une grappe de pointes en fibre de verre retenant

le système d'isolation thermique du *SMM* empêcha le verrouillage.

Fort dépité, Nelson tenta d'agripper le satellite avec les mains, mais ne réussit qu'à le propulser hors d'atteinte. Heureusement, les contrôleurs au sol du Goddard Space Flight Center parvinrent à stabiliser le satellite suffisamment longtemps pour que, deux jours plus tard, l'astronaute Terry Hart réussisse à le saisir grâce au bras manipulateur de la navette. Hart guida alors le *SMM* jusque dans la soute, où Nelson et son collègue James van Hoften ne mirent que quarante-cinq minutes pour remplacer le module de contrôle de position, ce qui laissa aux astronautes amplement le temps de changer un autre composant défectueux, cette fois dans le coronographe-polarimètre du *SMM.* L'équipe se réunit au complet dans le poste d'équipage, où ils fêtèrent leur journée par un copieux dîner. Le lendemain, après avoir vérifié les réparations, les astronautes éjectèrent le satellite de la soute.

C'est malheureusement le Soleil lui-même qui mit un terme prématuré à la vie du *SMM.* La viscosité atmosphérique, qui avait commencé à augmenter par suite des éruptions de mars 1989, ramena le satellite si près de la Terre qu'il finit par tomber et se pulvérisa dans l'atmosphère.

Malgré tout, Solar Maximum Mission connut une existence productive et, comme Skylab, apporta des éléments de poids dans la compréhension du mécanisme des éruptions. Les deux vaisseaux spatiaux révélèrent que les éruptions agissent comme de colossaux broyeurs d'atomes, accélérant les protons et les électrons jusqu'à des énergies de dizaines de millions d'électronvolts. Quand ces faisceaux de particules entrent en collision avec les atomes d'hydrogène, d'hélium et d'autres éléments de la chromosphère solaire, ils engendrent des rayons X et gamma de haute énergie et des averses de protons et d'électrons énergétiques.

Les observations spatiales ont également aidé les physiciens solaires à reconstituer les origines d'une éruption. Selon l'hypothèse couramment admise, une éruption est le résultat d'un réarrangement rapide et dramatique des champs magnétiques dans une région active de la couronne solaire. Cette instabilité accélère des faisceaux de protons ou d'électrons, qui suivent les lignes de champ magnétique de la couronne infléchies dans les zones plus denses de la chromosphère. Les faisceaux de particules y sont ralentis par des collisions avec des protons et des électrons libres, processus qui libère des rayons X et gamma de haute énergie et fait exploser le plasma surchauffé dans la partie de la couronne où l'éruption a commencé.

Les physiciens solaires ne disposent pas d'un instrument assez sensible pour mesurer la force exacte des champs magnétiques coronaux qui donnent naissance à une éruption solaire, mais la puissance des champs peut être extrapolée à partir de celle des champs encore plus puissants qui sont mesurés dans la photosphère. En outre, l'étude spectrographique des éruptions en rayons X a mis en évidence des atomes de fer ayant perdu vingt-cinq de leurs vingt-six électrons ; en appliquant les lois de la physique atomique, les astronomes ont calculé qu'un tel degré d'ionisation ne peut se produire que si la température atteint 50 millions de degrés — soit trois fois plus

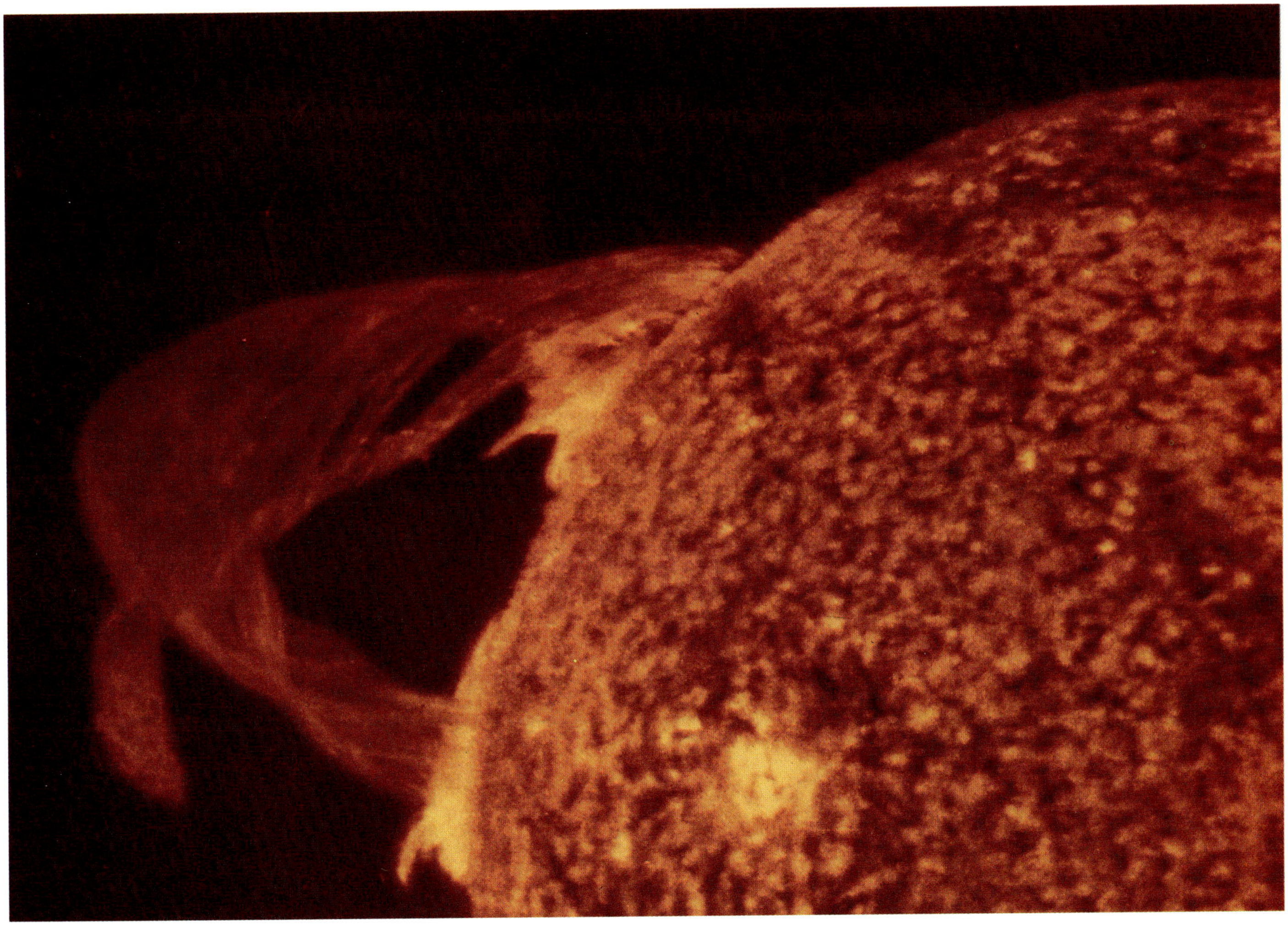

S'élevant le long des lignes torsadées du champ magnétique, une spectaculaire protubérance explosive monte jusqu'à 400 000 km — à peu près la distance Terre-Lune. Photographiée par Skylab en 1973, ce fut l'une des plus grandes protubérances observées au cours de la décennie ; sa température ne dépassa pourtant pas 70 000 degrés, restant bien inférieure à celle de la couronne solaire.

qu'au centre même du Soleil. Les champs magnétiques présidant à la naissance d'une éruption restent toutefois assez puissants pour empêcher ces gaz extraordinairement chauds de s'échapper par expansion.

LES COUSINS DE L'ÉRUPTION

Bien que plus fréquents et occasionnant moins de dégâts sur Terre que les éruptions, ces autres sursauts que sont les protubérances solaires peuvent être tout aussi sensationnels. Les plus petites protubérances sont aussi larges que la Terre ; les plus grandes peuvent atteindre la moitié du diamètre solaire lui-même. Ces arches de gaz brillant flottent à des dizaines de milliers de kilomètres au-dessus de la surface, suspendues par les boucles du champ magnétique solaire et sculptées en des formes telles qu'arbustes, entonnoirs ou arcades. Certaines protubérances ressemblent à des rideaux de cordes verticales qui s'étirent à 5 000 km de hauteur. D'autres ont l'aspect de serpentins spiralant d'une tache solaire à une autre située 100 000 km plus loin.

Leur comportement varie autant que leur apparence. Certaines peuvent pendant plusieurs mois occuper la même position au-dessus de la surface solaire sans changement notable, tandis que d'autres se déplacent lentement sous l'influence de la rotation différentielle du Soleil. Parfois, une moitié de protubérance s'élève tandis que l'autre s'affaisse, et ce qui avait commencé sous forme d'un drap presque vertical de gaz électrisé finit par se déchirer lentement en une myriade de lambeaux replongeant vers la surface du Soleil. Au cours des éclipses totales, les protubérances se détachent distinctement du bord du Soleil et luisent d'un brillant rouge violacé sur le noir d'encre de l'espace ; celles observées sur le disque solaire ont toujours l'aspect de minces rubans sombres appelés filaments.

Mais les protubérances ne sont pas toujours aussi majestueuses ni aussi autonomes. Toute protubérance s'élevant à plus de 50 000 km au-dessus de la surface du Soleil est vraisemblablement destinée à éclater dans les quarante-huit heures. La plupart de ces protubérances dites éruptives projettent leur gaz au loin, déchirent la couronne surjacente et injectent d'énormes quantités de plasma dans l'espace ; d'autres retombent simplement en pluie dans la chromosphère. Un aspect fascinant des protubérances éruptives est que deux tiers environ d'entre elles se reforment plusieurs fois sous le même aspect et au même endroit, ce qui donne à penser que les libérations explosives font normalement partie de leur cycle de vie et que les conditions favorables à la formation d'une protubérance sont le fait de sites particuliers.

De nombreuses protubérances accompagnent une éruption solaire. Au cours d'une éruption particulièrement violente qui eut lieu en août 1972, une protubérance géante en forme de boucle — arche symétrique parfaitement dessinée ressemblant à un fer à cheval — apparut au point d'origine de l'éruption solaire. On a également vu des protubérances éruptives exploser en même temps que se produit une éruption, mais l'on ignore quel événement précède l'autre, et si les deux sont engendrés par les mêmes forces motrices. «Une protubérance éruptive pourrait être le signe d'une instabilité qui prend naissance et s'achève dans une éruption», suggère Jack Zirker, physicien au Sacramento Peak Observatory.

Selon certains astronomes, les protubérances en arche révéleraient un processus destiné à guérir les cicatrices infligées par une éruption. Dans ce scénario, une protubérance en arc est une sorte de gigantesque point de suture solaire, indiquant exactement les points où les champs magnétiques déchirés se recousent lentement. Une fois la reconnexion effectuée, la protubérance décroît puis disparaît.

Si l'on garde à l'esprit la nature imparfaitement connue du Soleil, il se pourrait qu'aucune de ces explications ne soit tout à fait exacte. Alors, en attendant la prochaine percée dans la théorie ou l'observation du Soleil, les éruptions et les protubérances demeurent un magnifique mystère.

LES DONS DU SOLEIL

Sans le rayonnement solaire, les trillions de tonnes de matière vivante existant sur Terre — plus d'un million d'espèces, des bactéries unicellulaires aux baleines géantes — cesseraient d'exister. Dans un processus aussi complexe que classique, la réaction entre la lumière du Soleil et les plantes vertes produit les éléments de base que sont les sucres et les amidons, alimentant non seulement les plantes elles-mêmes, mais aussi les créatures qui se nourrissent de ces plantes et les animaux qui à leur tour se repaissent des mangeurs de plantes. Appelé photosynthèse, ce processus a mis plus de un milliard d'années pour évoluer et constitua à l'origine un véritable désastre. L'un de ses principaux sous-produits est en effet l'oxygène, mortel pour les organismes primitifs. C'est ainsi que les algues bleues, qui amorcèrent l'expérience de photosynthèse, tuèrent par leurs exhalaisons nocives la plus grande partie de leur propre espèce et obligèrent presque toutes les autres formes de vie primitive à se réfugier dans les marécages et les terrains anaérobiques. Mais les espèces qui s'adaptèrent donnèrent naissance à presque toutes les formes de vie actuelles.

Le Soleil offre à l'espèce *Homo sapiens* la promesse de dons encore plus importants : la lumière naturelle, qui accomplit une œuvre magique au sein d'une feuille verte, peut également être utilisée pour produire de l'électricité et alimenter n'importe quel appareil, d'une calculette à une station spatiale. La Terre, se déplaçant à 150 millions de kilomètres de la fontaine d'énergie jaillissant au centre du système solaire, ne reçoit qu'un demi-milliardième de ce fantastique débit. Mais même ce minuscule filet d'énergie pourrait, s'il était maîtrisé, largement satisfaire les besoins énergétiques de la planète tout entière.

De la lumière solaire à la nourriture : une réaction en chaîne

Dès le début du XIXe siècle, les scientifiques avaient compris les grands principes de la photosynthèse ; ils savaient par exemple que les plantes libèrent de l'oxygène et ont besoin de lumière et de dioxyde de carbone pour leur croissance. Il fallut cependant attendre les années 1930 et la mise au point des techniques d'isolation isotopique pour que les biologistes commencent à suivre pas à pas la chorégraphie du processus. Les schémas simplifiés des quelques pages suivantes montrent que la photosynthèse met en jeu deux ensembles de réactions, qui se produisent au sein de certains composés spécifiques de la cellule végétale appelés chloroplastes, renfermant les molécules nécessaires à l'élaboration de la photosynthèse.

Le premier ensemble de réactions a lieu à l'intérieur des granules *(ci-dessous)*, structures membraneuses compactes enfermées dans les chloroplastes. Le granule, essentiellement formé de molécules grasses appelées lipides *(en blanc)*, contient également de la chlorophylle *(en vert)* et des substances de type carotène *(orange)*, l'ensemble constituant de grosses molécules de protéines, spécifiques du granule. La chlorophylle absorbe l'énergie du Soleil et amorce une réaction en chaîne qui produit deux composés chimiques, le NADPH et l'ATP *(page de droite)*. Au cours de ces réactions, les molécules d'eau extraites par la plante sont brisées, libérant les atomes d'hydrogène et d'oxygène. Alimenté par le NADPH et l'ATP, le second ensemble de réactions *(pages 94-95)* se déroule juste à l'extérieur du granule, mais toujours à l'intérieur du chloroplaste, et donne naissance aux sucres et aux amidons indispensables à la vie des plantes.

Deux façons de créer l'alimentation des plantes

À l'intérieur du granule, deux processus distincts (le photosystème I et le photosystème II) produisant les ingrédients nécessaires au second stade de la photosynthèse, appelé cycle de Calvin *(page suivante)*, se déclenchent lorsqu'un rayon de lumière solaire, un photon, atteint une molécule de chlorophylle et frappe un électron faiblement lié, d'où une chaîne de réactions chimiques. Le photosystème I fabrique deux molécules : le NADPH — formé quand un atome d'hydrogène se combine au NADP (nicotinamide adénosine dinucléotide phosphate), présent dans la cellule végétale — et l'adénosine triphosphate, ou ATP. Dans le photosystème II, un photon de haute énergie frappe une molécule de chlorophylle et libère un électron qui va scinder une molécule d'eau : l'oxygène s'échappe dans l'atmosphère ; l'un des atomes d'hydrogène permet à un électron de remplacer celui perdu par la chlorophylle au cours du photosystème I ; l'autre sert à produire de l'ATP.

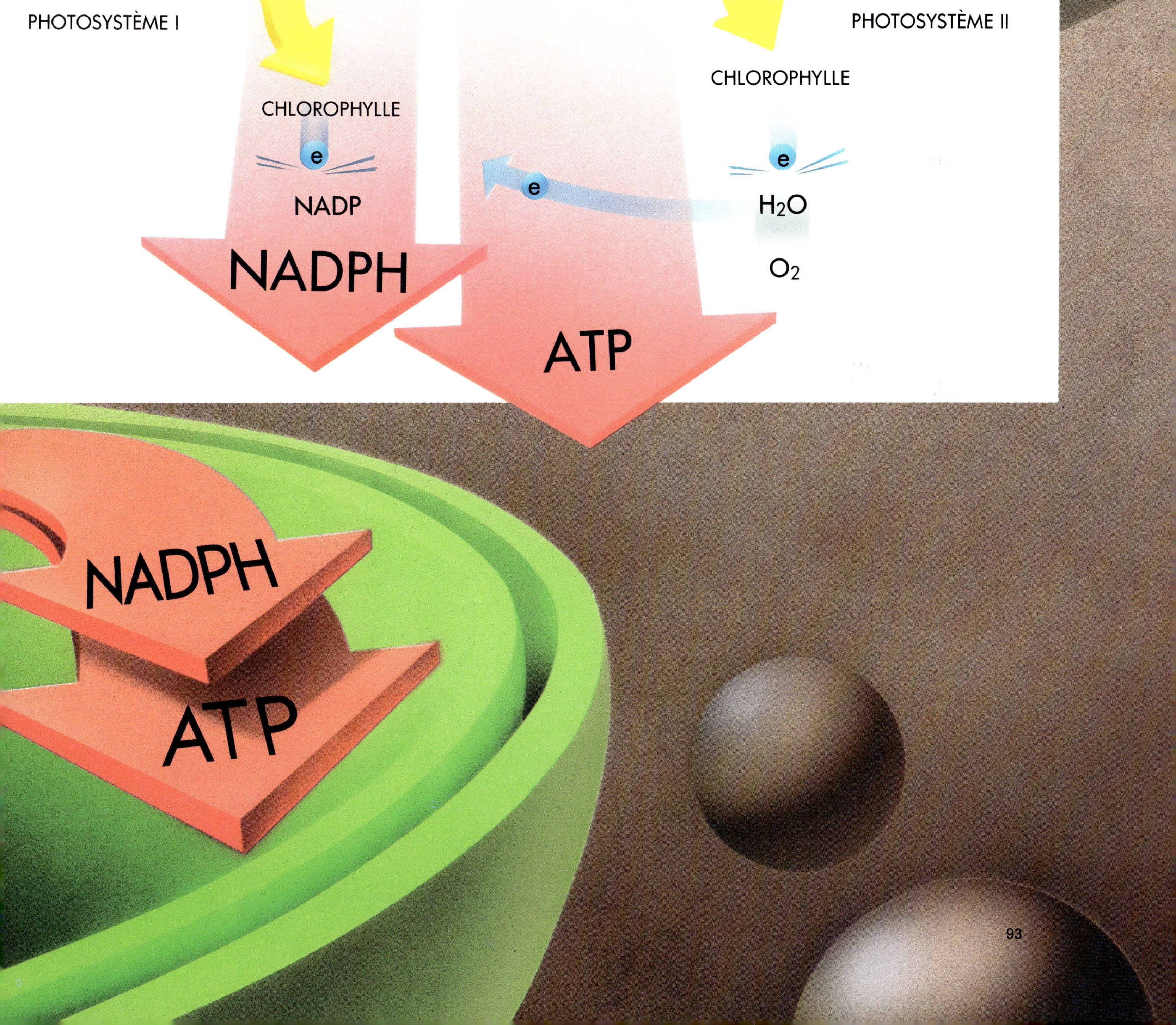

UN CYCLE DE TRANSFORMATIONS

Les composés chimiques fabriqués au cours des photosystèmes I et II par la lumière du Soleil, la chlorophylle et d'autres substances biochimiques, sortent du granule pour participer à un ensemble de réactions — ici largement simplifiées — portant le nom de Melvin Calvin, prix Nobel de chimie, qui l'a découvert. À ce stade, le dioxyde de carbone, l'ATP et le NADPH se combinent de diverses façons avec d'autres substances du tissu végétal pour produire des molécules d'hydrate de carbone, qui procurent l'énergie nécessaire à la croissance des plantes.

Les phénomènes chimiques constituant ce cycle de réactions furent identifiés par Calvin et une équipe de chercheurs de l'université de Californie au cours d'une série d'expériences effectuées au milieu des années 1940. Les chercheurs soumettaient différents échantillons de cellules de plantes vertes à une atmosphère artificielle enrichie en dioxyde de carbone radioactif; puis ils interrompaient le processus de photosynthèse après des intervalles de temps variables, en immergeant les échantillons dans de l'alcool: un certain groupe de cellules était plongé dans un bain d'alcool après cinq secondes d'exposition, un autre après une minute et ainsi de suite. En analysant chaque échantillon pour déterminer avec précision quelles molécules avaient absorbé à ce stade les atomes radioactifs, l'équipe de Calvin put reconstituer les diverses étapes de la création et de la destruction des composés chimiques indispensables à la vie.

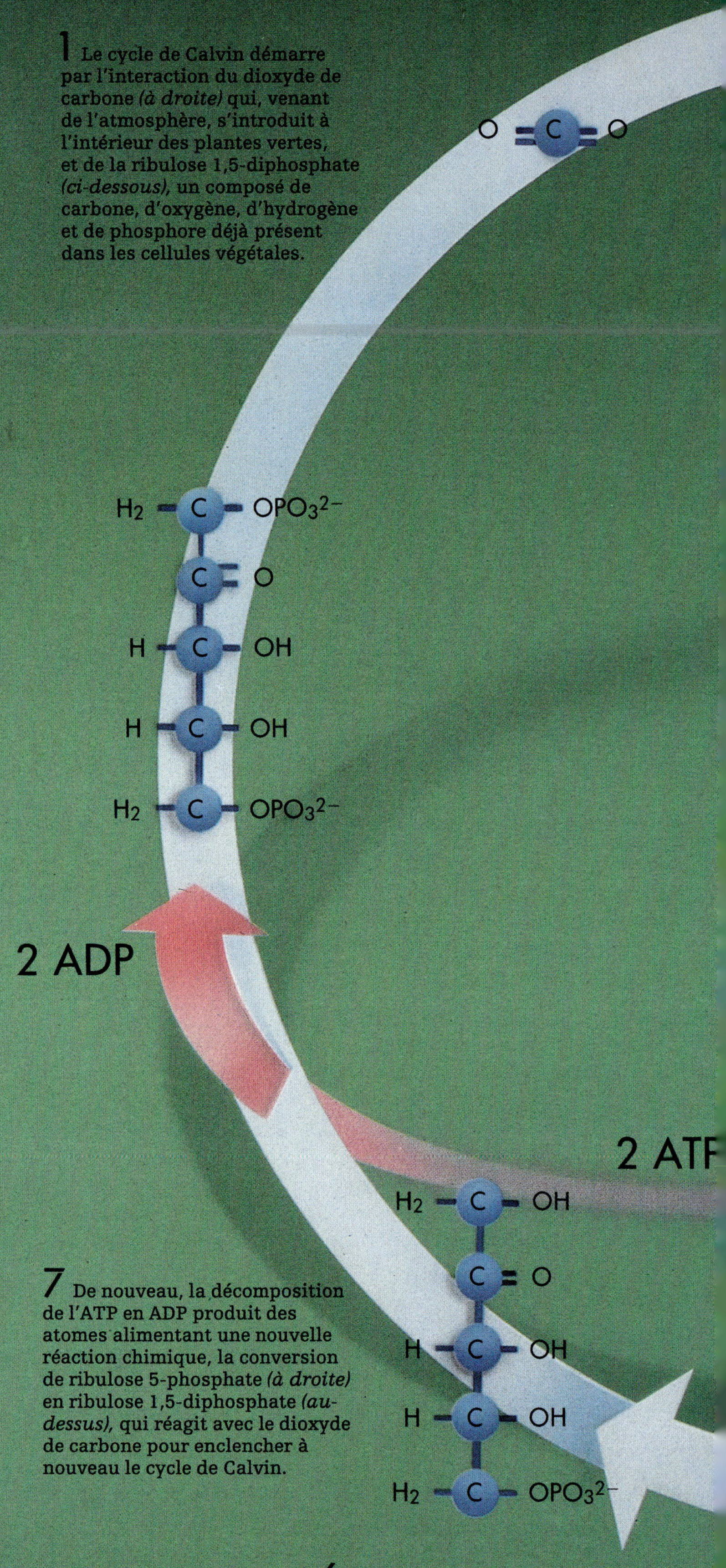

1 Le cycle de Calvin démarre par l'interaction du dioxyde de carbone *(à droite)* qui, venant de l'atmosphère, s'introduit à l'intérieur des plantes vertes, et de la ribulose 1,5-diphosphate *(ci-dessous)*, un composé de carbone, d'oxygène, d'hydrogène et de phosphore déjà présent dans les cellules végétales.

7 De nouveau, la décomposition de l'ATP en ADP produit des atomes alimentant une nouvelle réaction chimique, la conversion de ribulose 5-phosphate *(à droite)* en ribulose 1,5-diphosphate *(au-dessus)*, qui réagit avec le dioxyde de carbone pour enclencher à nouveau le cycle de Calvin.

6 Tandis qu'une fraction du fructose 6-phosphate sert à nourrir la plante, la plus grande partie, de concert avec du glycéraldéhyde 3-phosphate, entre dans une chaîne de réactions avec des enzymes pour produire de la ribulose 5-phosphate *(ci-dessus)*.

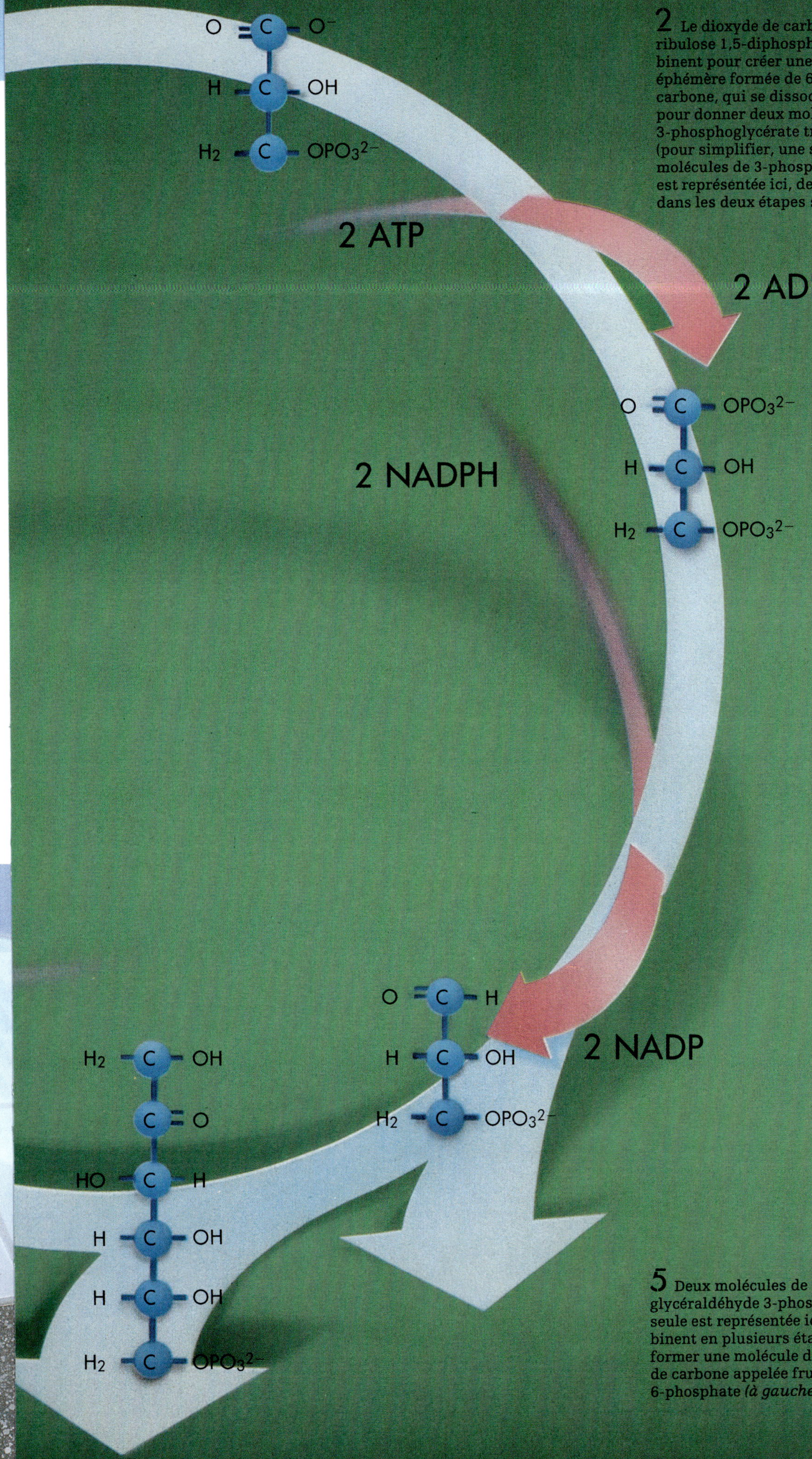

2 Le dioxyde de carbone et la ribulose 1,5-diphosphate se combinent pour créer une molécule éphémère formée de 6 atomes de carbone, qui se dissocie bientôt pour donner deux molécules de 3-phosphoglycérate tricarboné (pour simplifier, une seule de ces molécules de 3-phosphoglycérate est représentée ici, de même que dans les deux étapes suivantes).

3 Deux molécules d'ATP se décomposent ensuite en deux molécules d'ADP (adénosine diphosphate), produisant des ions phosphates qui s'attachent aux molécules de 3-phosphoglycérate pour créer des molécules de 1,3-diphosphoglycérate.

4 Quand les atomes d'hydrogène des deux molécules NADPH pénètrent dans le cycle de réactions, ils convertissent le 1,3-diphosphoglycérate en molécules de glycéraldéhyde 3-phosphate et cassent le NADPH en NADP. Une partie du glycéraldéhyde 3-phosphate quitte le cycle et sort du chloroplaste pour fabriquer les sucres complexes destinés aux feuilles, aux racines et aux fruits.

5 Deux molécules de glycéraldéhyde 3-phosphate (une seule est représentée ici) se combinent en plusieurs étapes pour former une molécule d'hydrate de carbone appelée fructose 6-phosphate *(à gauche).*

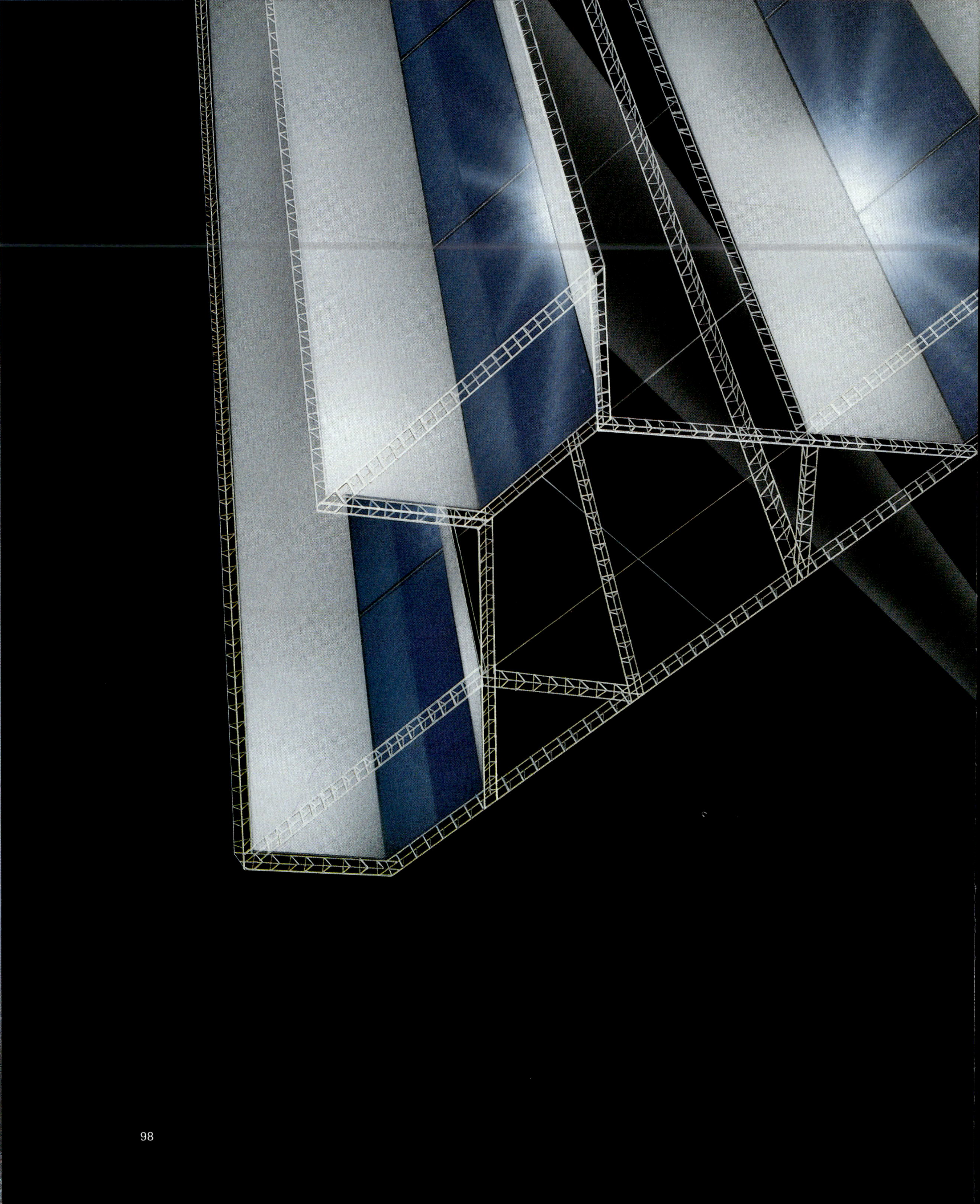

moins d'énergie que la lumière visible, une transmission et une réception efficaces de l'énergie exigeraient des faisceaux plus larges et des antennes au sol de 10 km de diamètre. Les problèmes de rendement se compliqueraient également en raison du risque de dispersion du faisceau à la source.

Quelle que soit la solution, le coût et la logistique du lancement d'une flotte de satellites sont effarants. Réunir sur Terre les composants nécessaires et les assembler dans l'espace exigerait des milliers de milliards de dollars et des centaines de lancements. Les ingénieurs de la NASA estiment toutefois que les coûts de transport pourraient être réduits d'un facteur dix si les composants étaient fabriqués sur la Lune. Non seulement les matériaux bruts tels l'aluminium, le fer et le titane y sont disponibles, mais leur lancement dans l'espace depuis la surface lunaire n'exigerait qu'une vitesse de libération de 8,5 km/heure, contre les 40 000 km/heure requis pour se libérer de la gravité terrestre, d'où une considérable économie de carburant.

4/Un vent incessant

Les lueurs chatoyantes de cette aurore boréale se déploient en éventail, à partir d'une zone précise — qui contient le pôle Nord de la magnétosphère — dans la région de Fairbanks (Alaska). De telles lumières, aux formes changeantes, apparaissent, la nuit, à proximité des pôles, lorsque les particules chargées du vent solaire excitent les atomes et les molécules d'oxygène et d'azote présents dans l'atmosphère.

Haut perché dans le Sud mexicain, en ce clair matin du 7 mars 1970, le petit village de Miahuatlán de Porfirio Díaz ressemblait plus à un nid pour amoureux qu'à un site d'expédition scientifique. Des passionnés du Soleil de tout genre s'y étaient rassemblés pour être témoins d'un de ces mystérieux moments où l'astre disparaît à midi. Sous l'œil quelque peu déconcerté des habitants, une foule de transcendantalistes, de reporters de télévision et de touristes envahirent la place principale du village, attendant avec émoi la quarante-neuvième éclipse totale de Soleil du XXe siècle — qui allait se révéler la plus significative.

Apparemment insoucieux de cette atmosphère carnavalesque, plusieurs centaines d'astronomes solaires ajustèrent fiévreusement leurs appareils photo, télescopes et spectrographes pour observer l'atmosphère externe du Soleil, la couronne normalement invisible qui allait apparaître sous forme d'un halo scintillant de lumière gris perle. Les savants s'étaient déplacés du monde entier pour passer quelques précieuses minutes au seul point de la Terre où la «totalité» — c'est-à-dire le moment où la Lune masque complètement le disque solaire — serait la plus longue et où l'altitude, le temps et la pureté du ciel permettraient la meilleure observation. D'autres attendaient l'événement en différents sites favorables, le long d'une bande de quelque 150 km de largeur tracée par l'ombre de la Lune à travers l'Amérique centrale et l'Amérique du Nord, jusqu'à la Nouvelle-Écosse.

Au nombre des observateurs de Miahuatlán figurait Donald Menzel, doyen des spécialistes solaires, ex-directeur de l'observatoire de Harvard et figure légendaire parmi les observateurs d'éclipses. En quelque cinquante ans, entre 1918 — encore adolescent — et 1966, Menzel avait assisté à douze éclipses totales en divers sites reculés, de la Sibérie jusqu'au Saskatchewan. Avec son associé, l'astronome Jay Pasachoff, de Harvard, il était venu au Mexique avec l'espoir d'obtenir de nouvelles données sur la composition de la couronne, en enregistrant les signatures spectrales des éléments chimiques présents dans le gaz coronal. Ayant travaillé de concert sur d'autres éclipses, les deux savants menaient leurs procédures d'observation avec une maîtrise parfaite. Mais, contrairement à leur attente, eux et leurs collègues allaient voir quelque chose de tout à fait nouveau.

À 11 heures 35 du matin, alors que le dernier éclat du Soleil s'estompait

Alors que la photographie ordinaire du Soleil *(ci-dessous)*, prise au cours de l'éclipse totale du 7 mars 1970, montrait un halo coronal uniforme, celle prise à l'aide d'un filtre à densité radiale *(à droite)* révélait une structure beaucoup plus complexe. Plus sombre au centre qu'à l'extérieur, le filtre a affaibli la lumière de la couronne interne, révélant des plumes lumineuses aux pôles du Soleil et un trou béant dans la couronne externe, par où se déverse le plasma du vent solaire.

derrière le disque noir de la Lune, la couronne se révéla de façon spectaculaire, non comme un cercle continu et uniforme de lumière mais comme une aura inégale striée de raies brillantes et parsemée de protubérances. Son aspect déchiqueté n'était pas en lui-même surprenant : on avait déjà repéré des irrégularités, que l'on pensait correspondre à des perturbations à la surface du Soleil. L'insolite était une coupure nette — un creux sombre — dans la partie inférieure droite de la couronne, brillante ailleurs. Plus au nord, des instruments montés sur fusées décelèrent le même trou sur les fréquences X et ultraviolettes.

Cette découverte était fascinante. Après des années de spéculations théoriques, les astronomes avaient enfin trouvé ce qui pouvait constituer l'une des pièces les plus insaisissables du puzzle. Bien que les informations ne dussent être complètement analysées avant plusieurs années, il semblait manifeste que ce trou dans la couronne était la soupape d'échappement si longtemps recherchée de ce puissant et mystérieux phénomène qu'est le vent solaire.

LE SOUFFLE DU DRAGON

Les conteurs d'autrefois qui décrivaient le Soleil comme un monstre crachant du feu n'étaient peut-être pas si éloignés de la réalité. Des jets de plasma chauffé à blanc — mélange raréfié d'électrons et de protons résultant principalement de l'ionisation de l'hydrogène gazeux — jaillissent du Soleil à des vitesses de plusieurs millions de kilomètres/heure et baignent les planètes, les satellites, les astéroïdes et les comètes d'un vent brûlant dont on peut penser qu'il atteint les limites mêmes du système solaire.

Servant de butoir contre ce torrent de folle vitesse et haute énergie, la magnétosphère est la région de l'espace, autour de la Terre, où les forces magnétiques engendrées par celle-ci dominent et contrôlent le mouvement des particules chargées. À quelque 60 000 km de la surface terrestre exposée au Soleil, le vent fouette et comprime violemment la magnétosphère, créant une onde de choc qui le fait rebondir et se disperser tout autour du globe, comme un flot impétueux se divise autour d'un rocher. Du côté nocturne de la planète, le vent étire la magnétosphère en une queue effilée s'étendant bien au-delà de l'orbite de la Lune. Également soumises à l'action du vent et sculptées par lui, les magnétosphères des autres planètes arborent des variantes de ce motif en forme de larme.

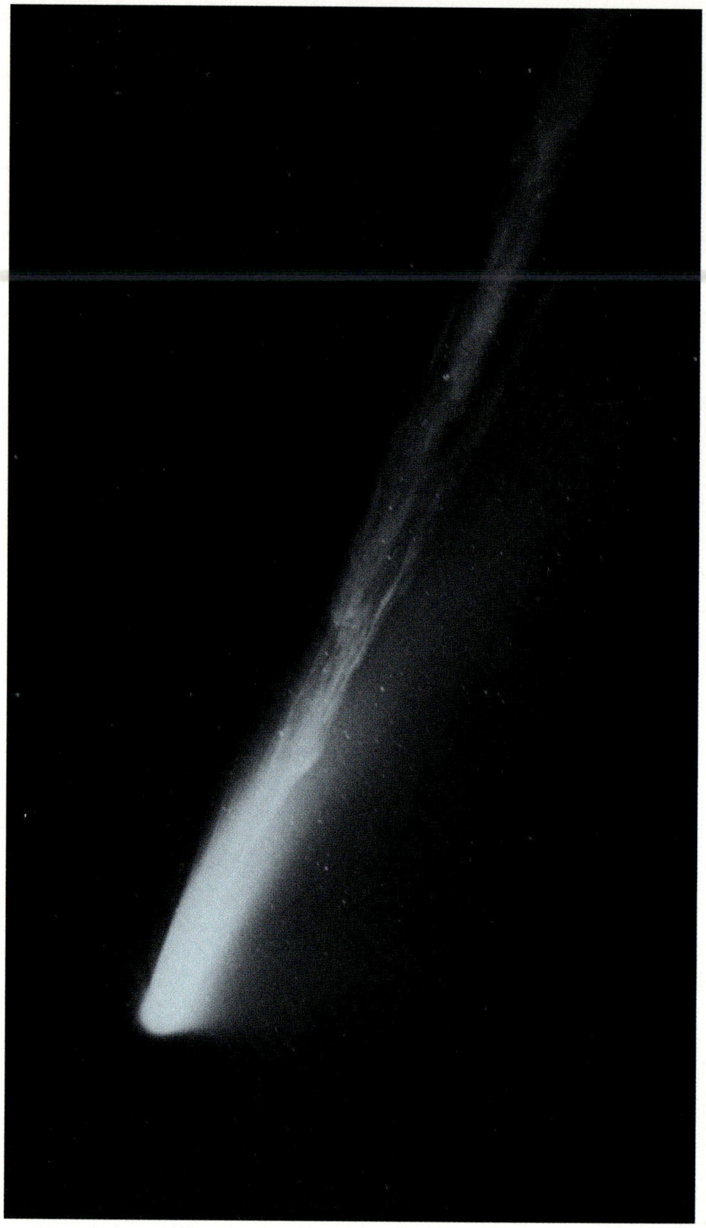

Bien que la presque totalité du vent soit déviée autour de la Terre, des milliards d'électrons et de protons réussissent à percer les défenses, se déversant dans l'atmosphère par les deux pôles et produisant les éblouissants spectacles que sont les aurores boréales, au nord, et australes, au sud. Le vent a aussi des effets plus sinistres et moins localisés, tels les orages géomagnétiques qui peuvent interrompre les communications radio, causer des surtensions dans les lignes électriques et peut-être, de façon encore mal comprise, influencer la chimie stratosphérique, le réchauffement global et les changements climatiques à long terme.

D'une tout autre envergure que ces influences est le rôle central que ce vent a dû jouer dans la genèse du système solaire. Il y a bien longtemps, quand le Soleil commençait à prendre forme au cœur d'un grand nuage amorphe de gaz et de poussière, il est possible qu'un vent solaire initial ait dispersé une partie du disque de matière environnant, accélérant ainsi l'évolution du Soleil de l'état de nébuleuse à celui d'étoile et affectant la nature des corps dans son sillage. Le fait, par exemple, que les planètes intérieures sont rocheuses et les extérieures gazeuses pourrait être le résultat de ce coup de vent, qui aurait transporté les matériaux les plus légers loin du Soleil et laissé les plus gros fragments à proximité.

Bien que ses effets soient en général clairement analysés, le vent lui-même n'est pas encore parfaitement compris. Les savants ont pu établir le lien entre ses brusques explosions, les éruptions solaires et d'autres phénomènes associés aux phases les plus actives du Soleil, mais ce courant continu de plasma, même au cours de ses périodes dites calmes, demeure une énigme.

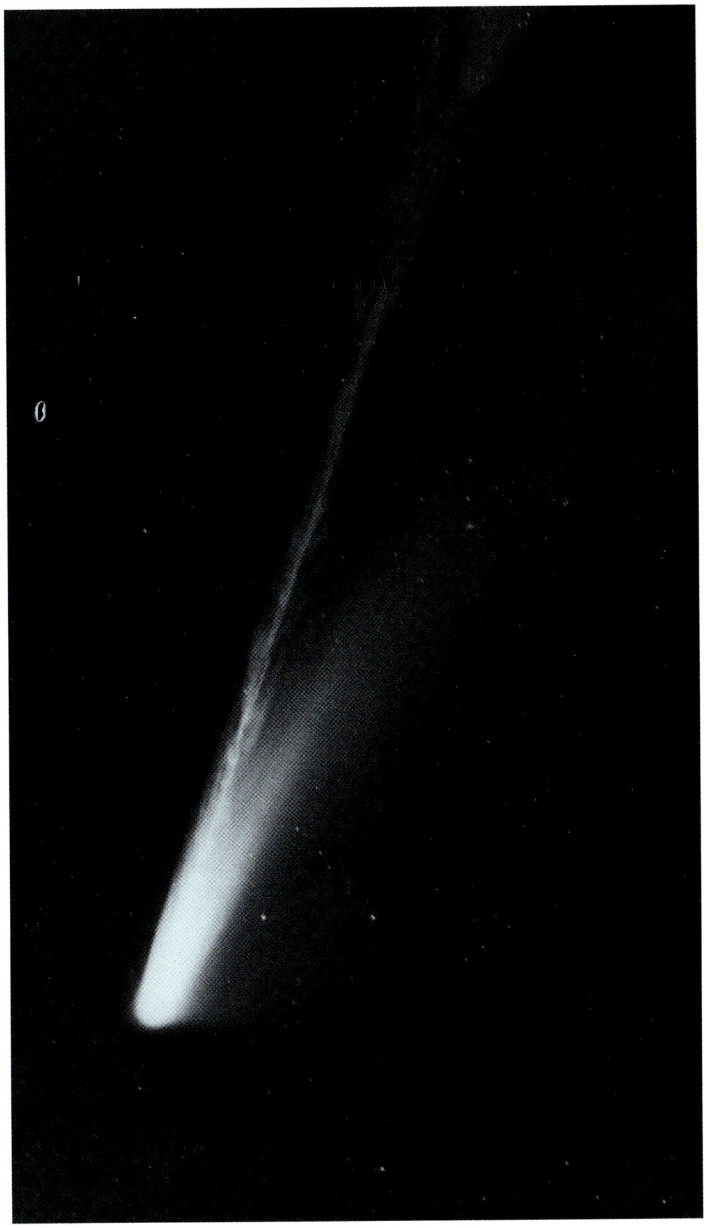

Les changements quotidiens d'aspect de la longue queue de plasma des comètes — illustrés ici par l'amincissement significatif de la queue de la comète Mrkos sur une période 24 heures — ont suggéré à l'astrophysicien allemand Ludwig Biermann l'existence du vent solaire, en 1951. Biermann calcula que la queue de plasma se mouvait plus vite que la queue de poussière, plus courte et incurvée, pensait-on alors, sous l'action de la faible pression de la lumière solaire. Il proposa donc une théorie selon laquelle la queue de plasma devait réagir à une force plus puissante : le bombardement constant par un vent de particules chargées soufflant du Soleil.

La vitesse du flot, par exemple, peut varier considérablement en l'espace de quelques heures, parfois de plus de un million de kilomètres/heure. L'origine exacte de ces rafales, leurs variations et la force qui les propulse avec une telle énergie restent sujettes à conjectures.

LES PREMIERS ENTHOUSIASMES

Malgré son caractère envahissant, le vent solaire attira peu l'attention scientifique avant les années 1950. Jusque-là, seuls quelques astronomes visionnaires avaient spéculé sur l'existence possible d'une force émanant du Soleil, mais ils restaient embarrassés pour la définir. En 1900, un pionnier britannique de la technologie radio, sir Oliver Lodge, également adepte du spiritisme, suggéra que le Soleil était la source d'un «torrent ou d'un nuage d'atomes chargés ou ions», tourbillonnant dans l'espace interplanétaire et engendrant sur Terre des aurores et des orages magnétiques.

Trois décennies plus tard, un autre éminent savant réussit à établir des preuves indirectes de l'existence d'une sorte de rayonnement mystérieux. Le géophysicien allemand Julius Bartels fut l'un des premiers savants à appliquer l'analyse statistique à l'étude des phénomènes cycliques, découvrant entre autres que l'attraction gravitationnelle de la Lune provoquait des marées non seulement dans les océans, mais aussi dans l'atmosphère de la Terre. En 1932, appliquant les mêmes méthodes à l'étude des orages magnétiques, Bartels découvrit que les orages modérés semblaient récurrents sur des intervalles de 27 jours, c'est-à-dire une période de rotation solaire. Il supposa que certaines régions du Soleil devaient donc être responsables des perturbations magnétiques terrestres. Ne pouvant trouver un lien entre ces perturbations et les éruptions, les taches ou toute autre activité de surface, Bartels baptisa sa trouvaille du nom de régions M, pour «magnétiques». Mais leur nature et leur emplacement exacts devaient demeurer inconnus pendant encore plus de trois décennies.

D'autres indices furent fournis par l'observation de ces bizarreries de l'espace que sont les comètes. Depuis des siècles, les astronomes avaient remarqué que la queue des comètes pointe toujours dans la direction opposée au Soleil. Lorsque l'une d'elles arrive en trombe vers le Soleil le long de son orbite, sa queue flotte à l'arrière, mais, quand elle se retourne et repart vers les profondeurs de l'espace, sa queue la précède. La plupart des astronomes croyaient que c'était le fait de la faible pression de la lumière solaire. Mais cette théorie négligeait une chose : nombre de comètes possèdent deux queues

L'astrophysicien Eugene Parker, de l'université de Chicago, montre une protubérance appelée plume coronale, située dans la couronne externe du Soleil, région qu'il identifia en 1958 comme le lieu d'origine du vent solaire. Ses calculs montrèrent que la couronne externe se répand continûment dans l'espace environnant, baignant le système solaire dans un vent chaud de gaz ionisés.

distinctes, l'éventail habituel de poussière, incurvé, et une autre plus longue et plus rectiligne constituée de gaz ionisé, ou plasma.

En 1951, Ludwig Biermann, professeur d'astrophysique à l'université de Göttingen, en Allemagne, admit que la pression de radiation du Soleil était assez forte pour affecter la queue des comètes; mais en ce qui concernait les queues de plasma c'était «une autre histoire». Elles s'envolent vers l'arrière à des vitesses bien supérieures et sont plus structurées et plus flexibles, ce qui suggéra à Biermann qu'elles étaient soumises à une force plus puissante que la simple lumière solaire. Il suggéra alors que des courants de particules électriquement chargées, composant ce qu'il appela un «rayonnement corpusculaire», s'échappaient en permanence du Soleil dans toutes les directions pour sculpter les queues de plasma.

LES VENTS TOURNANTS

Le point de vue de Biermann fut largement accepté, mais il n'expliquait toujours pas la nature de ces particules ni l'origine de leur propulsion. La première théorie devait finalement naître des efforts produits pour répondre à une question, apparemment indépendante, relative à la couronne. Bien que cette couronne — d'après les images d'éclipses totales — ne semblât s'étendre qu'à quelques millions de kilomètres de la surface du Soleil, la plupart des scientifiques la suspectaient de s'étirer bien au-delà. En fait, si sa température atteignait presque le million de degrés calculé par les astrophysiciens dans les années 1940, elle devait avoir assez d'énergie pour maintenir sa pression et sa densité même très loin du Soleil. (Des calculs récents ont encore rehaussé les estimations jusqu'à près de un million et demi de degrés.) En 1957, le géophysicien Sydney Chapman démontra mathématiquement que la couronne solaire devait s'étendre au-delà de l'orbite terrestre.

Il fallut attendre le jeune astrophysicien Eugene Parker pour compléter le puzzle. Chercheur à l'université de Chicago en 1955, il se passionna pour l'hypothèse de Biermann. Mais la théorie de Chapman, décrivant une couronne dite statique autour du Soleil, semblait incompatible avec le flot de particules rapides de Biermann. Après avoir interrogé les deux hommes, Parker conclut dans un article rédigé en 1958 que les particules du rayonnement corpusculaire de Biermann ne pouvaient pénétrer le gaz chaud et chargé de la couronne étendue de Chapman, à moins que rayonnement corpusculaire et couronne ne fussent qu'une seule et même entité.

Cette conception, qui consistait à remplacer la couronne statique par une autre en perpétuelle expansion, nécessitait un réajustement total du travail de Chapman. Parker proposa la théorie suivante: les énormes températures de la couronne provoqueraient une extension croissante à des vitesses suffisantes pour lui permettre d'échapper à la gravité du Soleil et finalement de se disperser dans l'espace. En même temps qu'elle se dissipe, la couronne externe serait réalimentée par des gaz s'échappant des couches intérieures. Parker baptisa ce phénomène «vent solaire».

Son modèle commençait par une expansion presque imperceptible à proximité du Soleil, où la gravité est la plus forte. Comme par ailleurs les particules chargées sont d'excellentes conductrices de chaleur, le vent maintenait sa température et donc son énergie au cours de l'expansion. Il en résulterait un accroissement constant du flot de gaz coronal, au fur et à mesure qu'il s'éloigne du Soleil et donc de son attraction, dépassant la vitesse de 600 000 km/heure à quelque 3 millions de kilomètres de la surface solaire. Au moment de croiser l'orbite de la Terre, le vent solaire atteindrait un million de kilomètres/heure, ce qui suffirait à expliquer les accélérations des queues de comètes associées au rayonnement corpusculaire de Biermann. La théorie était intéressante, mais elle se fondait presque exclusivement sur des arguments mathématiques et manquait de preuves physiques.

Le défi fut presque aussitôt relevé par l'astronome Joseph Chamberlain, l'un des collègues de Parker à l'université de Chicago. Chamberlain affirma que la conduction de chaleur ordinaire ne saurait engendrer beaucoup plus qu'une «brise solaire», dont la vitesse n'atteindrait même pas un dixième de celle prédite par Parker. Le débat autour de la nature de l'expansion coronale — en fait autour de son existence même — fut animé, mais purement académique à l'époque. Avant que des instruments pussent être envoyés au-delà de la barrière protectrice du champ magnétique terrestre, qui constitue une efficace parade à l'assaut des courants de particules chargées, il n'existait aucun moyen de confirmer ou de réfuter les hypothèses de Parker.

UNE CONFIRMATION DEPUIS L'ESPACE

Les premières preuves expérimentales virent le jour à la fin de la décennie. Le 12 septembre 1959, l'URSS lança la sonde *Lunik 2,* qui quelques jours

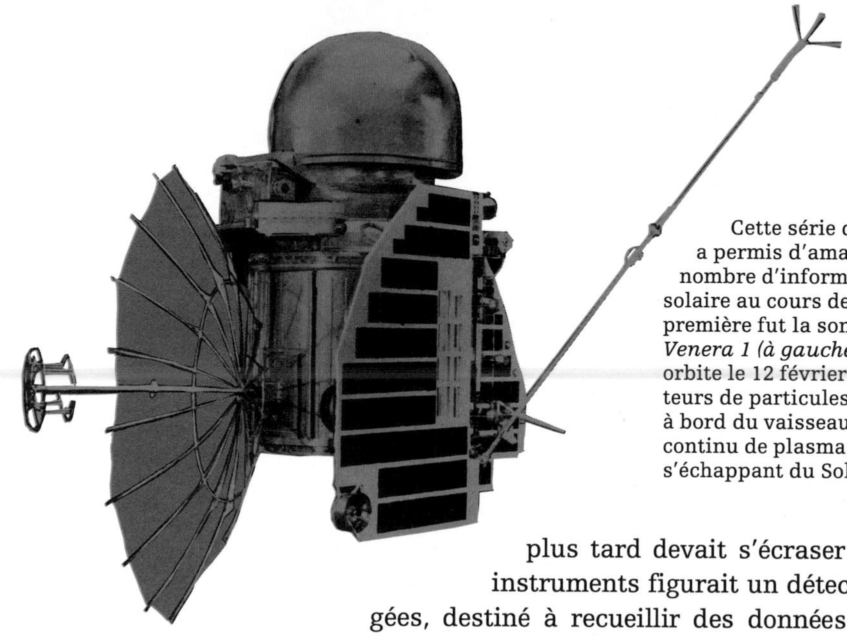

Cette série de sondes spatiales a permis d'amasser un certain nombre d'informations sur le vent solaire au cours des années 1960. La première fut la sonde soviétique *Venera 1 (à gauche),* qui fut mise en orbite le 12 février 1961. Des capteurs de particules chargées installés à bord du vaisseau ont détecté un flot continu de plasma (gaz ionisés) s'échappant du Soleil.

plus tard devait s'écraser sur la Lune. Parmi les instruments figurait un détecteur de particules chargées, destiné à recueillir des données sur la composition de l'espace interplanétaire. Des instruments semblables furent également transportés par *Lunik 3* un mois plus tard, puis par la sonde soviétique *Venera 1* et le satellite américain *Explorer 10,* tous deux lancés en 1961. Les mesures effectuées par toutes ces navettes indiquèrent qu'un courant de particules affluait au-delà de la Terre à plus de un million de kilomètres/heure, dans la direction opposée au Soleil. Bien que les résultats fussent venus à l'appui de la thèse de Parker, décrivant un vent solaire puissant et continu plutôt qu'une légère brise, aucun des engins soviétiques ne put se livrer à de longues observations, et le satellite américain opéra si près de la Terre que ses informations furent considérées comme suspectes, car sans doute influencées par le champ magnétique de la planète.

Finalement, quand en 1962 la NASA lança *Mariner 2* sur Vénus, il n'y eut plus aucun doute quant à la force du vent solaire. La sonde transportait un spectromètre à ions positifs, instrument capable d'enregistrer les énergies individuelles des particules chargées sous forme de différences de potentiel électrique, ensuite converties en leurs vitesses équivalentes. Pendant près de quatre mois d'observation, *Mariner 2* décela un vent quasi continu, mais de vitesse variant entre 1 et 3 millions de kilomètres/heure. Encore plus remarquable: les rafales de vent se déclenchaient presque exactement à 27 jours d'intervalle, et chacune d'elles pouvait correspondre à une période de forte perturbation du champ magnétique terrestre. Non seulement la théorie de Parker était confirmée, mais un lien était établi entre le phénomène et l'activité géomagnétique. Il restait à découvrir quelle force était à l'origine du vent et de ses plus violentes bourrasques.

De nouveaux indices furent fournis par une étude plus détaillée des arguments de Parker. Il pensait que, le vent étant composé de particules chargées, il devait entraîner dans son sillage un peu du champ magnétique solaire, créant ainsi un champ magnétique interplanétaire dont les lignes de

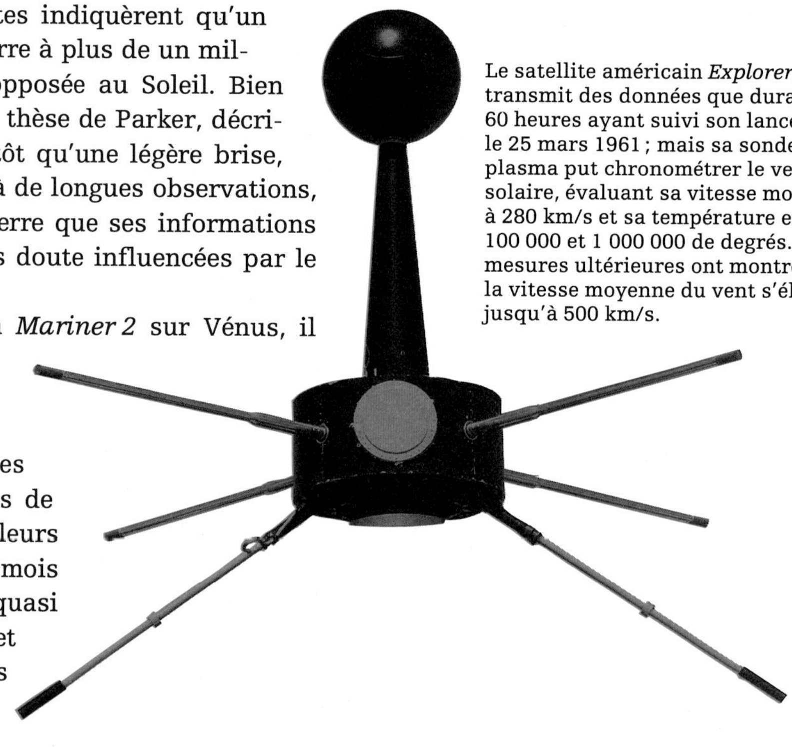

Le satellite américain *Explorer 10* ne transmit des données que durant les 60 heures ayant suivi son lancement le 25 mars 1961 ; mais sa sonde à plasma put chronométrer le vent solaire, évaluant sa vitesse moyenne à 280 km/s et sa température entre 100 000 et 1 000 000 de degrés. Des mesures ultérieures ont montré que la vitesse moyenne du vent s'élève jusqu'à 500 km/s.

Son orbite l'ayant conduite à mi-chemin entre la Terre et la Lune, la Plateforme de contrôle interplanétaire IMP *(à droite)* a révélé en 1963 que le vent solaire sculpte la magnétosphère de la planète — c'est-à-dire son enveloppe magnétique — créant une onde de choc du côté du Soleil et une queue magnétique de type cométaire du côté opposé.

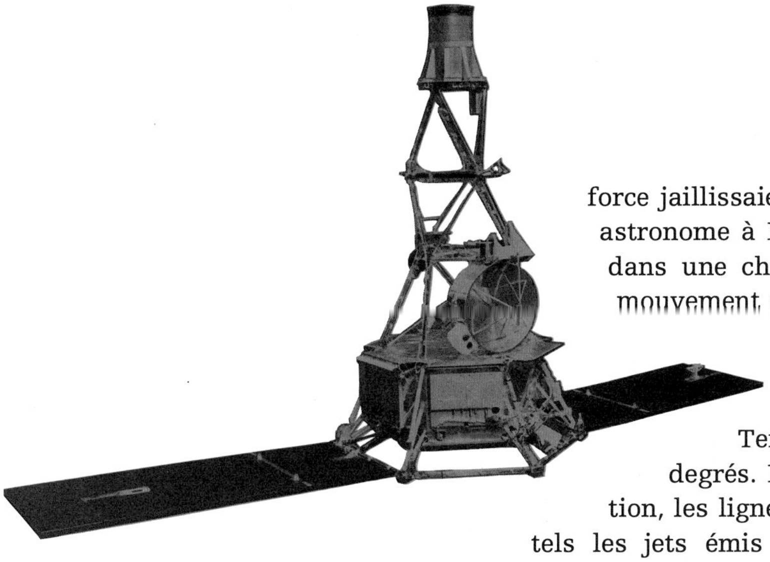

La mission initiale du vaisseau spatial *Mariner 2,* dirigée par la NASA *(ci-dessus),* était d'observer l'atmosphère de Vénus. Mais la sonde effectua également plus de 40 000 mesures du vent solaire. Récoltant à partir du 27 août 1962 720 000 bits de données par jour pendant une période de quatre mois, *Mariner 2* fut le premier instrument à détecter les rafales de vent solaire.

force jaillissaient du Soleil. Pour reprendre l'image de Robert Noyes, astronome à Harvard, l'effet s'assimilait à celui d'un «peigne passé dans une chevelure: chaque cheveu est tiré dans la direction du mouvement du peigne». La rotation du Soleil complique cependant l'analogie. À partir de ses estimations de la vitesse du vent solaire, Parker calcula qu'il devait mettre environ quatre jours et demi pour atteindre la Terre, et le Soleil tourne alors d'une soixantaine de degrés. Fermement implantées dans la surface solaire en rotation, les lignes de champ s'infléchiraient donc en une spirale géante tels les jets émis par un système d'arrosage rotatif. L'existence d'un champ interplanétaire fut confirmée en 1963 par la Plateforme de commande interplanétaire *(IMP-1),* satellite de la NASA équipé pour détecter les champs magnétiques et mesurer certaines caractéristiques telles la force et l'orientation des lignes de champ. À son apogée, c'est-à-dire au point le plus éloigné de son orbite, *IMP-1* se trouvait à environ 200 000 km de la Terre, donc bien au-delà de son champ magnétique. De là, les instruments purent non seulement enregistrer la présence d'un champ interplanétaire, mais aussi vérifier la forme spirale des lignes.

Quand les spécialistes de *IMP-1* Norman Ness et John Wilcox examinèrent les données du satellite, ils trouvèrent que les lignes courbes du champ magnétique s'organisent en une demi-douzaine de grandes structures semblables aux pales d'une hélice. Ils les appelèrent secteurs magnétiques interplanétaires, car chacune possède une polarité magnétique distincte. Dans une région de polarité positive, le champ pointe dans la direction opposée au Soleil, alors que dans une région négative il pointe vers lui (l'aiguille d'une boussole placée dans le champ s'orienterait, suivant la polarité, soit dos au

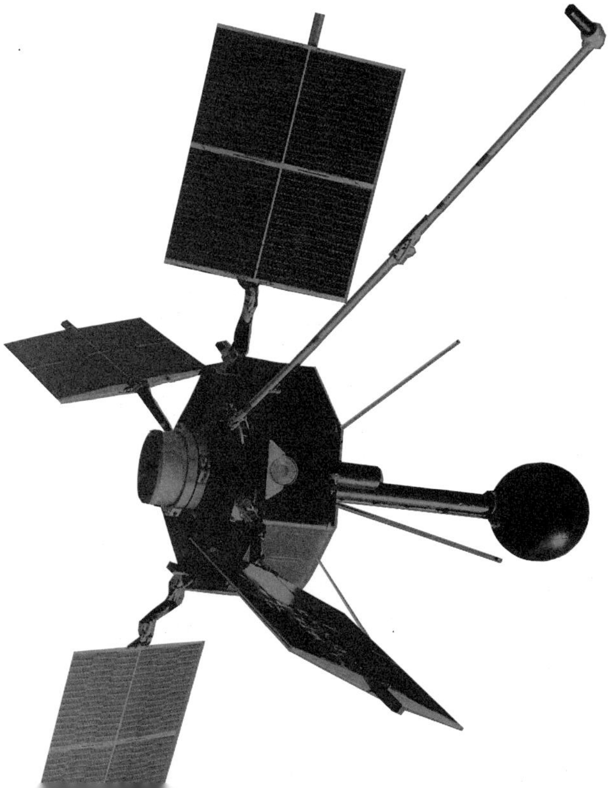

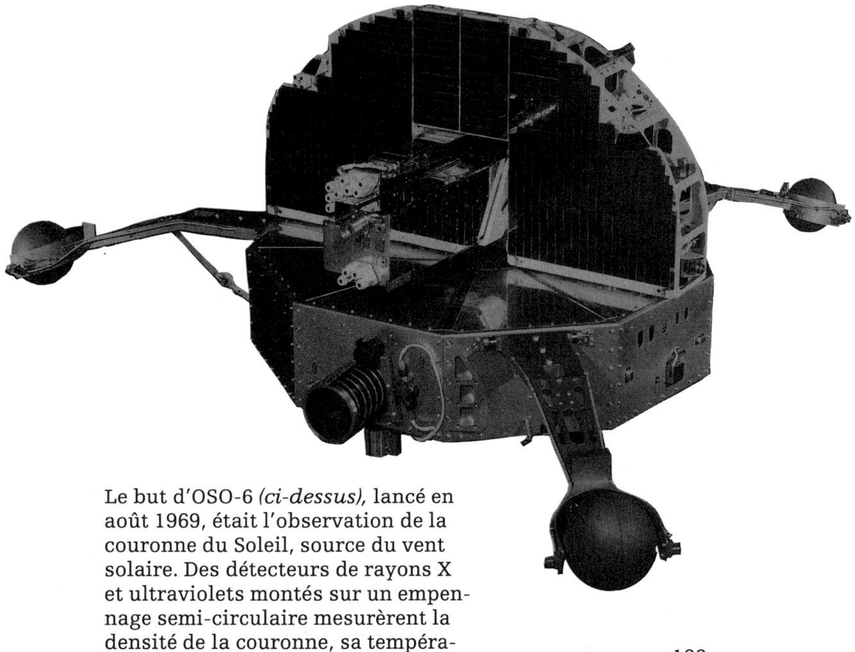

Le but d'OSO-6 *(ci-dessus),* lancé en août 1969, était l'observation de la couronne du Soleil, source du vent solaire. Des détecteurs de rayons X et ultraviolets montés sur un empennage semi-circulaire mesurèrent la densité de la couronne, sa température et l'intensité des radiations.

Soleil, soit face à lui). De plus, la polarité de chaque pale s'accorde avec celle d'une région solaire qui en est visiblement l'origine. Les données de *IMP-1* révélèrent aussi que des secteurs de polarités différentes balaient alternativement la Terre à quelques jours d'intervalle, ce qui fut confirmé par l'observation des perturbations géomagnétiques. Et, chaque secteur présentant ses caractéristiques propres, par exemple un type particulier de variation d'intensité du champ, le satellite montra que chacun d'eux enveloppe la Terre une fois tous les 27 jours, accompagnant le Soleil (bien que présentant un léger retard sur son mouvement).

Succédant aux découvertes de *Mariner 2* sur la fréquence de 27 jours des rafales solaires, cette révélation renforça la conviction de nombreux astronomes quant à l'existence d'une connexion entre certaines régions du Soleil et le phénomène du vent solaire. «Il semblait prouvé que, d'une manière ou d'une autre, le Soleil déchaînait ses rafales de vent à partir de sources localisées qui tournent avec lui en 27 jours», fit observer Noyes en 1982. Mais l'origine du vent restait aussi insaisissable qu'en 1932, quand Bartels avait introduit l'idée des mystérieuses régions M: au début des années 1960 comme à son époque, rien de visible sur le Soleil ne pouvait être relié aux perturbations magnétiques terrestres ni au vent solaire nouvellement découvert.

Durant les six années qui suivirent, de précieuses données continuèrent d'affluer de satellites toujours plus nombreux. Des instruments de plus en plus sophistiqués rendirent désormais possible l'étude du rayonnement magnétique solaire dans une large bande de fréquences voilées par l'atmosphère terrestre: les rayons X, gamma et ultraviolets. Mais l'importance de certaines données n'apparut pas immédiatement. En 1968, par exemple, des détecteurs d'ultraviolet à bord de l'un des satellites de la nouvelle série OSO (Observatoire solaire en orbite) discernèrent clairement dans la couronne de larges zones moins brillantes, rayonnant à des niveaux d'intensité bien moindres que la couronne normale, signifiant que dans ces régions la matière coronale est plus ténue. D'autres données en ultraviolet et en rayon X révélèrent ce que l'on appelle les vides coronaux, émettant peu ou pas de rayonnement. Mais la plupart des savants, convaincus que les seuls endroits où chercher des réponses étaient les régions actives, ignorèrent ces découvertes. Il fallut l'éclipse de 1970 pour leur ouvrir les yeux.

L'OMBRE D'OÙ JAILLIT LA LUMIÈRE

Cinquante millions d'êtres habitant à l'intérieur ou à moins d'une journée de route de la bande d'éclipse totale, celle du mois de mars 1970 ne pouvait que susciter l'attention populaire, mais l'intérêt scientifique qu'elle engendra fut aussi particulièrement intense. Par un heureux caprice de la mécanique céleste, le tracé de l'éclipse affecta directement l'aire de lancement expérimental de la NASA sur l'île Wallops, en Virginie, fournissant ainsi l'occasion idéale pour une étude détaillée. Trente-quatre fusées-sondes furent lancées de l'île: vingt-cinq le jour même, les autres quelques jours avant et après l'éclipse. Quatorze autres partirent de la base aérienne d'Elgin, en Floride,

Pourquoi le Soleil danse

Bien que généralement considéré comme le centre stable autour duquel tournent neuf planètes, le Soleil participe en fait activement à la danse orbitale du système solaire. D'après la loi de gravitation universelle de Newton, quand un corps gravite autour d'un autre, les deux tournent en réalité autour de leur centre de masse, point que l'on appelle barycentre (du mot grec signifiant «lourd»). Comme on le verra plus loin, le barycentre de deux corps célestes quelconques est toujours situé plus près de l'objet le plus massif. Plus la différence entre les deux masses est grande, plus le barycentre est proche du corps le plus lourd, et donc plus l'orbite de ce dernier est petite. Le Soleil concentrant la quasi-totalité de la masse du système solaire (99,9 %), son centre et le barycentre de ce système solaire sont pratiquement confondus, de sorte que son mouvement orbital se réduit à une légère oscillation. Les pages suivantes illustrent certaines figures complexes de ce mouvement. Elles proviennent du changement continuel des positions relatives du Soleil et des planètes — jeu compliqué qui, pour un observateur trop lointain pour apercevoir les planètes elles-mêmes, constituerait un indice de leur présence.

Un équilibrage des masses. Les diagrammes de gauche montrent comment le barycentre de deux corps varie en fonction du rapport de leurs masses. Quand les masses sont égales, comme sur le diagramme du haut, le barycentre *(cône violet)* est exactement à mi-chemin entre les centres des deux corps. En revanche, si l'un est plus massif que l'autre *(diagramme du milieu)*, le barycentre est plus proche du corps le plus lourd. Quand la différence des masses est considérable, le barycentre se trouve à l'intérieur du corps le plus gros *(diagramme du bas)*. En conséquence, tandis que le corps le plus petit décrit une orbite classique *(ci-dessous)*, le plus gros oscille simplement autour du barycentre *(point cerclé)*.

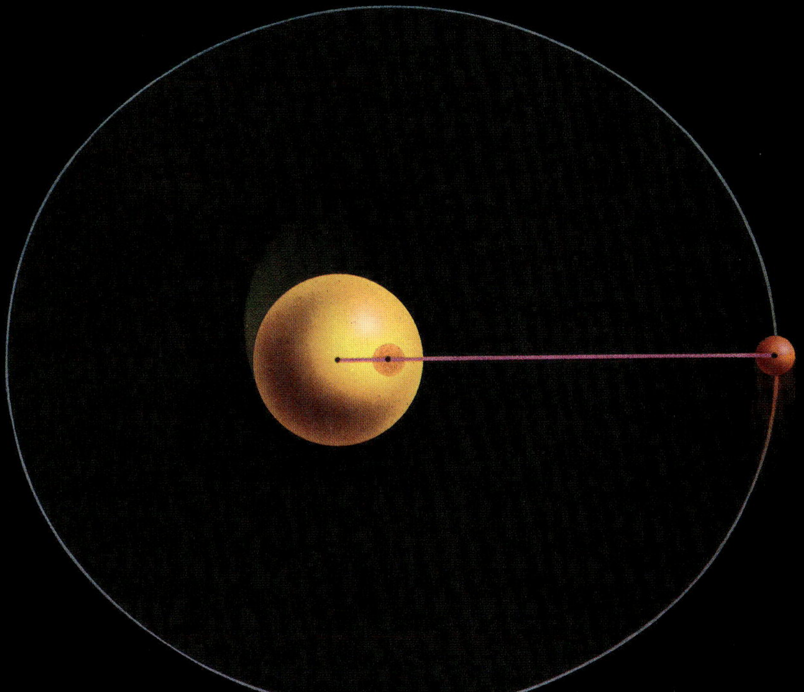

Une joute planétaire

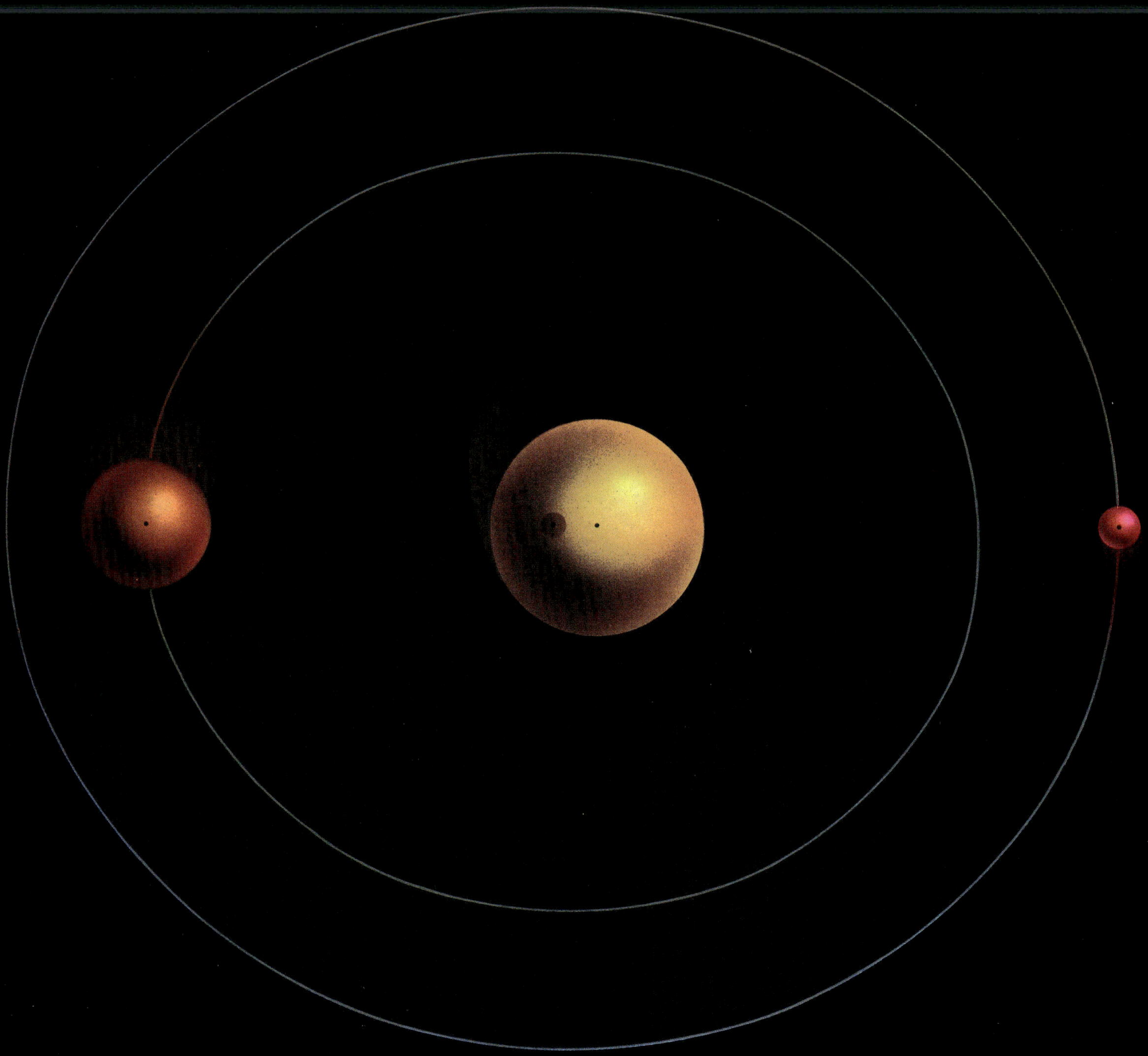

Aux deux extrêmes. Dans un système à trois corps, quand les deux planètes se trouvent de part et d'autre de l'étoile, le barycentre *(point cerclé)* est le plus près possible du centre de l'étoile *(point).* La planète la plus massive attire le barycentre vers la gauche, mais pas autant qu'elle le pourrait si la seconde ne venait contrebalancer l'effet.

S'il ne possédait qu'une seule planète, le Soleil suivrait une orbite régulière autour du barycentre, parce que celui-ci se maintiendrait dans une position fixe dictée par le rapport des deux masses. Mais quand plus de deux corps entrent en jeu, et c'est le cas du système solaire, les interactions entre les masses deviennent beaucoup plus complexes, provoquant des dérives du barycentre et des fluctuations de l'orbite solaire.

La mécanique céleste classique explique ces variations d'équilibre. Les planètes les plus proches du Soleil, tournant plus vite pour contrebalancer la forte attraction gravitationnelle de l'astre, finissent toujours par rattraper et doubler les planètes plus éloignées. La distribution des masses change donc constamment : les planètes sont tantôt réparties presque uniformément autour du Soleil, tantôt concentrées d'un même côté. Le système à trois corps schématisé ci-dessous illustre la façon dont cette distribution des masses planétaires conduit à rapprocher puis éloigner du centre du Soleil le barycentre de son système, induisant en retour le rétrécissement ou l'expansion de l'orbite de l'astre du jour.

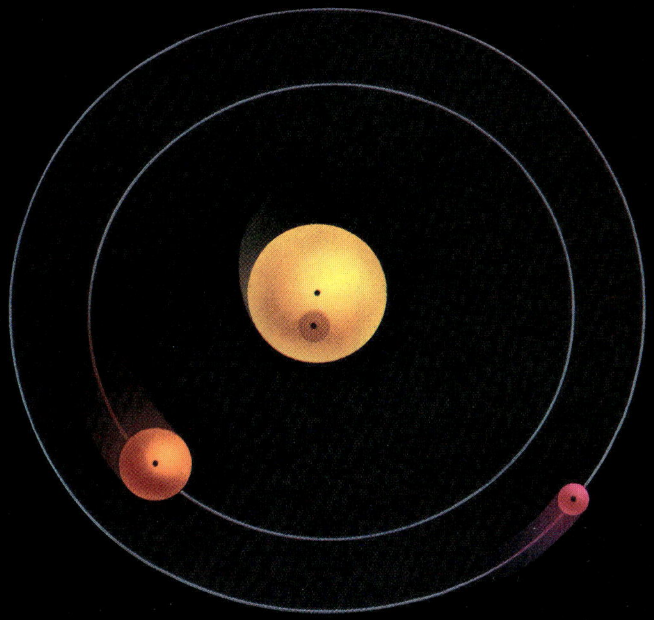

S'unir pour tirer plus fort. La planète intérieure se déplaçant plus vite et sur de plus courtes distances, elle entame une seconde orbite avant que la planète extérieure n'ait achevé la sienne. Lorsque les deux planètes se retrouvent du même côté de l'étoile, leurs masses commencent à tirer de concert sur le barycentre, qui se décale légèrement du centre de l'étoile.

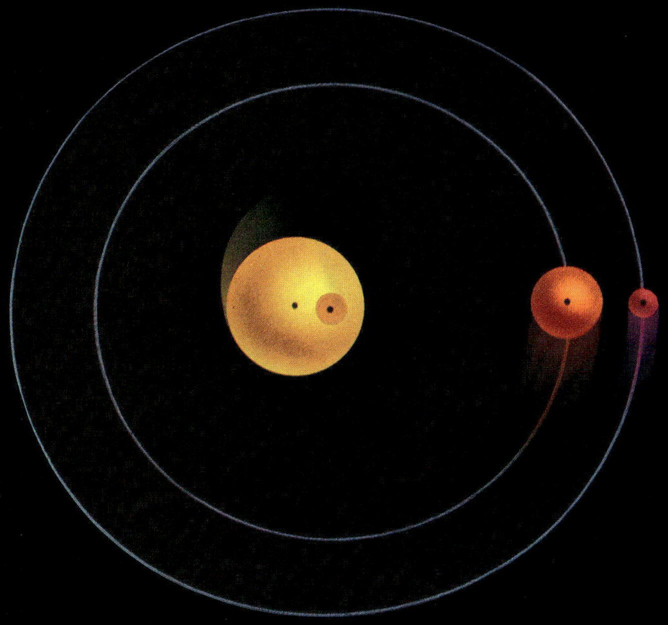

Planètes alignées. La planète intérieure finit par rattraper la planète extérieure, de sorte qu'elles s'alignent d'un même côté de l'étoile. Leurs deux masses s'ajoutant, le barycentre est écarté au maximum du centre de l'étoile. Il s'en rapprochera à nouveau lorsque les planètes quitteront l'alignement.

Les astronautes de la station spatiale américaine Skylab ont étudié le Soleil au cours de trois missions distinctes, enregistrant plus de 150 000 images entre le 25 mai 1973 et le 8 février 1974, date de départ du dernier équipage. La monture du télescope Apollo du vaisseau, au centre des quatre panneaux solaires, portait huit moniteurs de contrôle *(ci-dessous).* Cinq d'entre eux pouvaient analyser les rayonnements X et ultraviolets, dont les longueurs d'onde sont difficiles, voire impossibles à détecter au sol.

Amarrés sur un banc optique cruciforme, les instruments de la monture télescopique Apollo de Skylab comprenaient (dans le sens des aiguilles d'une montre en partant du haut) deux télescopes à rayons X, un spectrographe à ultraviolets (UV), un télescope à hydrogène alpha, un spectrohéliographe pour l'UV lointain, un spectrohéliomètre à UV, un autre télescope à hydrogène alpha et un coronographe.

deux de l'aire de tir de missiles de White Sands, au Nouveau-Mexique. Les astronomes expédièrent d'autres instruments à bord d'avions volant à haute altitude le long du tracé de l'éclipse, pour prolonger l'observation de quelques minutes. Dans l'espace, six satellites — *OSO 5* et *OSO 6*, le satellite de technologie appliquée ATS, les satellites américano-canadiens *Alouette 1* et *Alouette 2* et le satellite international d'étude ionosphérique ISIS — orientèrent tous ensemble leurs détecteurs en direction du Soleil assombri. En même temps, au sol, des centaines d'experts enregistrèrent une foule de phénomènes coronaux invisibles à tout autre moment.

Se produisant presque au pic du cycle d'activité solaire, l'éclipse révéla une couronne d'une brillance exceptionnelle et de structure complexe. Le plus intéressant fut le trou béant dans l'hémisphère Sud de la couronne. Le spectacle visuel fut inoubliable, mais les détails essentiels ne figurèrent que dans les enregistrements magnétiques des fusées-sondes. Les lignes du champ magnétique solaire forment une boucle fermée prenant naissance dans une région coronale de polarité positive et se repliant sur une région négative de la surface solaire. Or ici le champ magnétique local était unipolaire : les lignes de force jaillissaient directement du Soleil.

La découverte d'une telle configuration magnétique fut confirmée dans l'année par le physicien solaire Allen Krieger et ses collègues du centre de recherche indépendant American Science and Engineering à Cambridge, Massachusetts. Ils utilisèrent des clichés du disque solaire pris en rayons X par des fusées pour localiser avec précision une « structure magnétique ouverte » dans la couronne solaire. Une formule mathématique complexe leur permit d'extrapoler le comportement du vent solaire à partir des observations et de reconstituer le trajet d'un courant de particules rapides depuis la Terre jusqu'à cette même structure ouverte sur le Soleil. C'était net : la matière coronale parvenait à s'échapper et balayait l'espace interplanétaire, attirant dans son sillage des lignes de champ. Le terrain était désormais prêt pour le plus intense programme d'observation solaire jamais réalisé — les expériences de Skylab, apportant la preuve définitive du lien entre la couronne grêlée du Soleil et les gaz qui s'en échappent.

UN LABORATOIRE SOLAIRE DANS L'ESPACE

Pesant près de 100 tonnes au décollage, Skylab était à l'époque de son lancement en mai 1973 le plus gros — et le plus compliqué — vaisseau spatial. Trois différentes équipes d'astronomes furent désignées, respectivement affectées à des expériences en faible pesanteur, des sondages lointains des ressources terrestres et l'observation du Soleil au moyen d'une batterie sophistiquée de télescopes et de caméras.

L'élément technologique central du vaisseau était la monture de télescopes Apollo (ATM), fixée à l'extérieur, que l'on voit ci-contre hérissée de huit instruments différents. ATM fut exclusivement conçue pour l'observation solaire. L'ensemble des télescopes permettait d'examiner le Soleil dans une bande complète de longueurs d'onde allant des rayons X au visible, en passant par

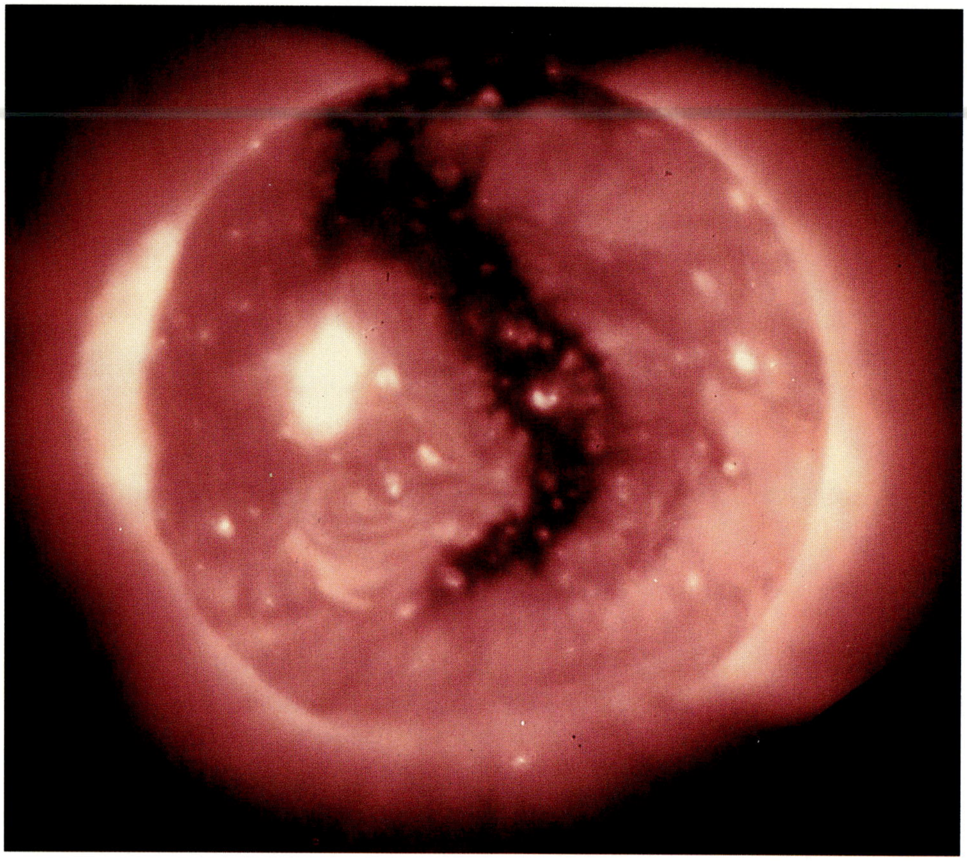

Ce cliché en rayons X et fausses couleurs, pris par Skylab le 23 août 1973, révèle un trou béant *(en noir)* dans la couronne extérieure du Soleil. Les points blancs brillants dénotent des régions d'intense activité magnétique situées dans les couches supérieures de la couronne ; les petits tourbillons sont des boucles magnétiques qui la maintiennent en place. Aucune boucle magnétique ne traverse le trou coronal ; au contraire, les lignes de champ magnétique du Soleil s'étirent dans l'espace interplanétaire. Les gaz s'échappant de dessous la couronne coulent le long de ces lignes et créent des courants de vent solaire extrêmement rapides.

l'ultraviolet. L'accès aux plus hautes fréquences n'était possible que dans l'espace, mais les instruments optiques bénéficièrent de la position de Skylab, à 430 km au-dessus de la Terre. Le coronographe du vaisseau, par exemple, créant des éclipses artificielles en occultant le disque solaire à l'aide d'un petit masque central, permettait l'observation de la couronne se détachant sur un fond de ciel aussi sombre qu'au cours d'une brève éclipse réelle.

Jamais le Soleil n'avait été étudié d'aussi près. Au cours des huit mois d'activité de Skylab, les astronautes enregistrèrent les données des différents télescopes Apollo, soit une trentaine de pellicules photographiques contenant quelque 163 000 images. Le coronographe comptabilisa à lui seul près de neuf mois de temps d'observation — les observations au sol de toutes les éclipses naturelles depuis l'invention de la photographie en 1839 ne dépassaient pas 80 heures ! La qualité des images se révéla bien meilleure que prévu, les équipes s'étant distinguées par leur talent à prendre les photos aux bons moments. En fait, les scientifiques, qui avaient craint que des opérateurs humains fussent moins fiables que des instruments automatiques, modifièrent leur opinion en examinant les films rapportés. Presque tous les phénomènes solaires quelque peu importants — prédits ou tout à fait inattendus — avaient été captés.

En outre, l'astronaute Edward Gibson, membre du troisième équipage, était titulaire d'un doctorat en ingénierie physique; il avait rédigé un livre de cours sur les phénomènes solaires. (Ironie du sort, le livre s'intitulait «le Soleil calme» — précisément le contraire de ce qu'il allait observer pendant 84 jours.) Comme les deux équipes précédentes, Gibson et ses acolytes Gerald Carr et William Pogue virent le Soleil osciller de la plus étonnante façon entre l'activité et la quiescence.

La longue promenade d'observation de Skylab fut extrêmement fructueuse. Pour les chercheurs, impatients de mieux comprendre le vent solaire, les découvertes les plus importantes furent celles relatives aux trous coronaux. Les clichés en rayons X, sur lesquels les zones de plus faible intensité lumineuse apparaissaient comme de grosses taches sombres, se révélèrent particulièrement utiles. Pendant que les astronautes observaient les taches tournant en même temps que le Soleil, les observateurs terrestres, utilisant la technique d'extrapolation employée par Krieger en 1970, retracèrent jusqu'à son origine le parcours des courants de particules chargées se déversant sur la Terre. Chaque trajet de particules conduisait à un point où les astronautes du Skylab avaient observé un trou coronal quatre jours et demi plus tôt — précisément le temps de transit du vent solaire. Une relation directe commença aussi à s'établir entre la taille des trous coronaux et la vitesse du vent, les plus grands trous émettant les plus puissantes rafales. Il ne subsistait désormais plus aucun doute sur l'origine du vent solaire.

Les données des télescopes Apollo montrèrent également que ces creux apparents dans la couronne ne sont pas totalement vides; de faibles émissions X et ultraviolettes suggèrent qu'il s'y trouve un peu de matière chaude. Des mesures de ces radiations résiduelles — effectuées par des satellites, des détecteurs montés sur fusée et par Skylab — indiquèrent que la densité d'un trou moyen n'est que 10 pour cent de celle de la couronne normale, et sa température inférieure de un demi-million de degrés. Bien que les astronomes aient sans problème attribué le déficit en densité et en température à la chute de pression résultant de l'éjection de masse coronale, ils demeurèrent impuissants à expliquer pourquoi l'énergie solaire, qui normalement réchauffe la couronne, s'employait ici à l'éjecter dans l'espace.

L'HÉRITAGE DE SKYLAB

La dernière des trois équipes du programme abandonna Skylab le 8 février 1974, laissant la navette géante en orbite, solitaire et aveugle. Bien que la NASA n'eût pas d'autre projet, les spécialistes de la physique solaire espéraient voir le laboratoire finalement remis en service. Mais le Soleil lui-même déçut leur attente. À la fin de 1978, des éruptions solaires associées à une recrudescence de taches solaires bombardèrent la Terre de particules à haute énergie, chauffant l'enveloppe extérieure de l'atmosphère, qui se dilata dans l'espace. La viscosité accrue qui s'ensuivit pour Skylab l'entraîna dans une incontrôlable et fatale spirale vers la Terre. Le 11 juillet 1979, le vaisseau explosa au-dessus de l'océan Indien, et ses débris s'abattirent alors en une pluie métallique incandescente sur les flots et l'arrière-pays australien.

Malgré cette fin tragique, Skylab laissa un riche héritage. Si les astronomes furent en mesure de concevoir une technique subtile permettant de détecter les trous coronaux à partir du sol, c'est grâce aux énormes progrès que permit le laboratoire spatial dans la compréhension du phénomène. Sachant que l'hélium s'échappant de la surface solaire et pénétrant la chromosphère est en partie excité par le rayonnement issu de régions contiguës à la couronne, les savants employèrent un spectrographe réglé sur les fréquences spectrales de l'hélium pour mesurer la forme et la taille des trous coronaux. Leur surveillance continue à partir des observatoires solaires de Kitt Peak (Arizona) et de Sacramento Peak (Nouveau-Mexique) a révélé que la plupart d'entre eux ne sont ni constants ni permanents: comme beaucoup d'autres manifestations solaires, ils apparaissent, évoluent et finissent par se dissiper au bout de quelques semaines ou quelques mois. Les observations ont aussi montré que, lorsqu'un grand trou coronal se forme près de l'équateur du Soleil, un vent violent de plus de 2,5 millions de kilomètres/heure est souvent détecté par les satellites. Cette découverte a confirmé le lien entre la taille des trous et la vitesse des rafales.

LES MYSTÈRES DU MAGNÉTISME

Dès le milieu des années 1970 s'est dessinée une représentation plus nette du rôle joué par le champ magnétique du Soleil dans la dynamique de la couronne et du vent — ce qui allait aider à expliquer l'origine probable du vent stationnaire d'abord suggéré par Parker et ultérieurement observé, et que l'on avait eu tendance à négliger. Les spécialistes réalisèrent que, excepté à l'endroit des trous, le champ magnétique retenait les gaz de la couronne, maintenant celle-ci en place et lui donnant forme et structure. Les lignes de champ s'élancent dans la couronne du Soleil jusqu'à 400 000 km, avant de replonger en un point différent de la surface solaire pour créer un réseau d'immenses arches bipolaires.

Là où est trouée la couronne, les lignes de champ magnétique s'étirent bien au-delà, permettant à la matière de s'échapper, engendrant ainsi de violentes rafales de vent solaire. Mais les chercheurs découvraient aussi que des lignes de champ ouvertes pouvaient exister au voisinage de certaines boucles fermées, où elles semblent donner naissance non à des explosions mais à une fuite lente et continue de matière coronale: le vent stationnaire de Parker. Selon Randolph Levine, astronome de Harvard qui participa à l'interprétation des données en ultraviolet de Skylab, «quelques-unes au moins des sources du vent devaient se trouver près des points d'ancrage des grandes boucles fermées». Pour que de telles lignes puissent s'échapper, suggéra Lévine, il faut qu'elles aient dépassé un seuil critique — environ 400 000 km au-dessus de la surface — au-delà duquel leur force magnétique devient trop faible pour contenir le gaz coronal.

Les spécialistes ne sont toujours pas d'accord sur le mécanisme qui ouvre les lignes du champ magnétique, que ce soit dans les trous coronaux ou près

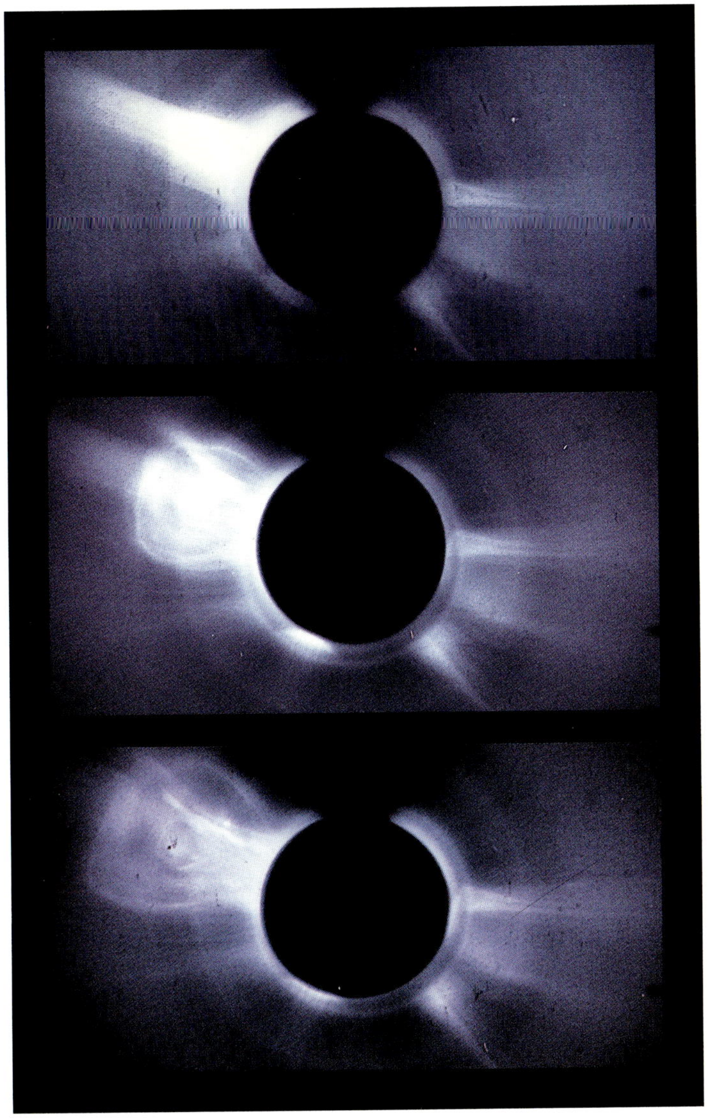

En l'espace de deux heures, le Soleil déploie l'un de ses phénomènes les plus violents — une éjection de masse coronale. En haut, la couronne crache de minces jets lumineux, délimitant les régions où le vent solaire s'échappe relativement calmement le long des lignes de champ magnétique. Le gaz coronal en expansion entraîne les lignes de champ de plus en plus loin *(au milieu)*, jusqu'à ce qu'elles soient prêtes à craquer *(en bas)*, vomissant alors dans l'espace des milliards de tonnes de particules chargées à la vitesse de 500 km/s. La tache sombre en haut de chaque cadre est l'ombre d'un disque d'occultation, c'est-à-dire un masque permettant de voir la couronne.

des boucles fermées. Une théorie, proposée au début des années 1970 par l'astronome Joseph Hollweg, de l'université du New Hampshire, relie le phénomène à l'action d'ondes «magnétohydrodynamiques», une forme d'ondes de plasma se propageant le long de lignes de champ magnétique et résultant peut-être de mouvements fluides turbulents sous la surface du Soleil. En oscillant à travers la couronne, ces ondes propulsent vers l'avant une sorte de front de plasma, qui accélère suffisamment les particules chargées pour briser les boucles magnétiques maintenant la couronne.

En même temps qu'étaient étudiées cette hypothèse et un certain nombre d'autres, de nouvelles informations suggérèrent d'autres mécanismes par lesquels la matière pouvait s'échapper du Soleil. Déjà en 1973 le coronographe en lumière blanche de Skylab avait observé une grosse goutte de plasma se détachant du disque solaire à la façon d'une protubérance. Au cours de son ascension, la goutte atteignit des vitesses d'environ deux millions et demi de kilomètres/heure, échappant finalement au champ magnétique du Soleil, elle libéra une impressionnante giclée de gaz. Ce fut la première d'une série d'éruptions similaires — quoique pas aussi spectaculaires — dont allaient être les témoins les astronautes de Skylab.

Entre 1980 et 1984, les coronographes du Solar Maximum Mission de la NASA et du satellite *P78-1* de l'armée de l'air américaine enregistrèrent plusieurs dizaines de ces «éjections de masse coronale» (EMC). Les observations de *P78-1* conduisirent à penser que ces éruptions prenaient la forme de grosses bulles s'envolant d'un petit tube percé dans la couronne. Une ou deux EMC s'échappent quotidiennement de la couronne, transportant chacune 10 milliards de tonnes de matière, fraction importante de ce que le vent solaire disperse en un jour. On en saurait sans doute davantage sur les éjections de masse coronale si l'Air Force n'avait décidé en 1985 d'abattre le *P78-1* au cours d'un exercice de fusée antisatellite.

OÙ VA LE VENT ?

Bien que la plupart des recherches sur le vent solaire portent sur son origine, les savants sont également intrigués par le destin final du flot de plasma. Avant les années 1980, les astronomes prédisaient que, quelque part au-delà de l'orbite de Jupiter, le vent affaibli entrerait en collision avec le gaz ténu censé remplir l'espace interstellaire et que ses lignes de champ magnétique seraient réfléchies vers le Soleil. Mais avant l'été 1988 le vaisseau spatial *Pioneer 10* lancé en 1972 avait atteint une distance sextuple de la limite prévue près de Jupiter et ressentait toujours le souffle du vent. Les savants espèrent que *Pioneer 10* ou l'une des deux sondes Voyager leur permettra une autre hypothèse: au lieu de s'achever en collision, le vent s'épuise, s'intégrant progressivement aux autres gaz interstellaires.

Les astronomes cherchent aussi à étendre leur connaissance du vent solaire au-delà de la région étroite, quasi bidimensionnelle, du plan de l'écliptique du Soleil. Fin 1990, la navette Ulysse, projet commun à la NASA et à l'Agence spatiale européenne (ASE), entamera son épopée. Après mise sur orbite autour de la Terre, Ulysse sera propulsé pour rencontrer Jupiter quatorze mois plus tard. Le puissant champ gravitationnel de Jupiter agissant comme une fronde géante, le vaisseau sera projeté hors du plan écliptique sur une trajectoire qui, deux ans et demi plus tard, le conduira d'abord au-dessus du pôle Sud du Soleil, puis au-dessus du pôle Nord. Trois ans et demi après son lancement, il commencera à communiquer ses données.

UNE ARMADA INTERNATIONALE

L'aventureux Ulysse sera finalement rejoint dans l'espace par une flottille de vaisseaux lancés sous l'égide du Programme de physique internationale terrestre et solaire (ISTP), financé par les agences spatiales européenne, américaine et japonaise et destiné à sonder les derniers mystères du Soleil. Parmi les navettes scientifiques, quatre satellites collectivement connus sous le nom de Cluster seront placés en orbite basse par les fusées Ariane. Le quatuor volera en formation, à une distance de quelques centaines à quelques milliers de kilomètres, et enregistrera les phénomènes à petite échelle que produit le vent solaire en fouettant le champ magnétique terrestre.

Deux vaisseaux de la NASA destinés à travailler en tandem doivent également être lancés avant le milieu de la décennie. Le premier, Wind, restera en permanence du côté ensoleillé de la Terre pour surveiller les chocs engendrés par l'arrivée du vent; le second, Polar, survolera les pôles pour observer toute activité aurorale résultante. Entre-temps, le satellite américano-japonais Geotail traversera la queue de la magnétosphère.

Le premier produit de cet effort international sera l'Observatoire solaire et héliosphérique (SOHO) que construit l'ASE en coopération avec la NASA, impliquant un ensemble d'organismes de recherche et plusieurs centaines de scientifiques. SOHO tentera une analyse définitive des processus qui forment, chauffent et maintiennent la couronne solaire et engendrent le vent. Il devrait être lancé en 1995 et atteindre une position stable en l'un des points dits «de libération» situés entre la Terre et le Soleil, où les attractions des deux corps se compensent presque. À un million et demi de kilomètres au-delà de la magnétosphère, du côté éclairé de la planète, SOHO pourra observer en continu le Soleil, sa couronne et ses décharges de vent — hors des perturbations. Habitués à extrapoler les détails du comportement du vent, les chercheurs attendent fiévreusement cette première occasion.

LA PUISSANCE D'UNE RAFALE DE VENT SOLAIRE

L'espace interplanétaire, considéré jadis comme un vide presque parfait occasionnellement visité par des particules élémentaires surgies d'au-delà du système solaire, est un véritable tourbillon de particules chargées, la plupart d'entre elles émises par le Soleil lui-même. À 1 500 000 km/heure, ce plasma électrisé — constitué de noyaux d'hydrogène et d'électrons libres en quantités à peu près égales, avec un faible pourcentage d'hélium et d'autres ions — constitue la substance du vent solaire. Déversée au taux prodigieux de un million de tonnes par seconde, cette tornade balaie les planètes jusqu'à une dizaine de milliards de kilomètres de l'orbite de Pluton. Mais, parvenu à la Terre, sa densité est en moyenne un milliardième de milliardième de celle de l'atmosphère terrestre au niveau de la mer. Aussi raréfié soit-il, le vent solaire — tout comme la brise la plus douce — peut déplacer les corps. En fait, les astronomes ont pour la première fois déduit son existence de la façon dont la queue d'une comète s'étire toujours dans la direction opposée au Soleil, quelle que soit la position de cette comète sur son orbite. C'est seulement dans le domaine des forces électriques et magnétiques que la force du vent se manifeste véritablement. Comme le montrent les pages suivantes, le plasma solaire transporte le champ magnétique engendré par le Soleil lui-même. Le vent contournant les planètes et nombre d'entre elles étant protégées par leur propre gaine magnétique, la friction engendre de gigantesques courants électriques — source de violents orages magnétiques et d'aurores dansantes produisant en un seul jour une quantité d'énergie équivalente à la consommation française d'électricité pendant six mois.

SE LIBÉRER DU MAGNÉTISME

Deux grandes forces se livrent une bataille constante au sein de la couronne solaire. Les lignes du champ magnétique du Soleil, courant généralement du nord au sud mais déformées en arcs torsadés par la rotation de l'étoile, luttent pour confiner le plasma coronal — halo surchauffé de particules chargées. (Pour des raisons que les savants ne comprennent pas encore complètement, la couronne, dont la température est comprise entre 1,5 et 2 millions de degrés, est 200 fois plus chaude que la surface du Soleil.)

La force relative des opposants change selon la distance au Soleil. Jusqu'à 400 000 km de la surface, les lignes de champ renferment assez d'énergie magnétique pour maintenir le plasma coronal sous contrôle. Bien que repoussées par la dilatation du gaz, les lignes de force gardent leurs deux pieds fermement enracinés dans le Soleil — l'un de polarité négative, l'autre positive — et imposent aux particules chargées des trajectoires en arche au-dessus de la surface solaire.

Vent solaire rapide. Le vent qui sort des trous coronaux s'échappe le long des lignes ouvertes du champ magnétique, dont une seule extrémité est enracinée dans le Soleil. C'est au centre du trou que le vent atteint parfois des vitesses de trois millions de kilomètres/heure. Les lignes de champ fermées, qui bordent le trou coronal, ne permettent pas au vent de s'échapper et le plasma, dix fois plus dense, reste emprisonné.

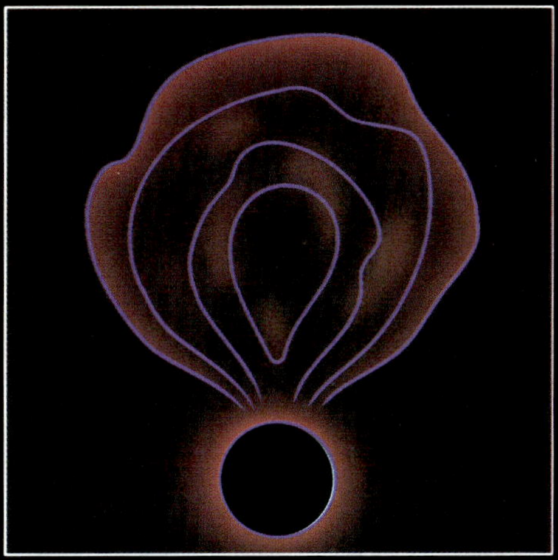

Vent solaire explosif. Enchâssées dans les boucles magnétiques, des bulles de gaz coronal surchauffé jaillissent du Soleil à des vitesses allant de 30 000 à 3 millions de kilomètres/heure. Ces éruptions, appelées éjections de masse coronale, sont dues à de gigantesques perturbations de la couronne se produisant en moyenne deux fois par jour et vomissant dans l'espace entre 10 et 100 milliards de tonnes de matière.

Vent solaire calme. Animé d'une vitesse moyenne de 120 000 km/heure, le vent solaire émanant des plumes coronales est qualifié de «calme». Les plumes se forment lorsque des lignes de champ ouvertes de polarités opposées se rejoignent de part et d'autre d'un domaine fermé du champ magnétique.

Mais à une altitude égale à environ la moitié du rayon solaire les forces magnétiques faiblissent. La pression de dilatation du gaz surchauffé oblige les lignes à s'ouvrir et, ne gardant plus qu'une attache dans le Soleil, les lignes unipolaires s'échappent dans l'espace avec le plasma en expansion. L'énergie thermique, qui jusque-là servait à chauffer le plasma piégé, va maintenant l'accélérer. Après s'être éloigné de quelques rayons solaires, le gaz atteint une vitesse moyenne de 150 000 km/heure — soit huit fois la vitesse du son dans le plasma.

La vitesse et la densité du vent solaire varient selon le lieu et le mécanisme d'émission de la couronne. Le plasma jaillit des trous coronaux — régions où les boucles magnétiques s'ouvrent dans l'espace — en un courant rapide et de faible densité. Moins véloces et plus denses sont les plumes coronales, souffles de vent relativement calme issu des arches magnétiques. La forme la plus spectaculaire de ce vent est l'éjection de masse coronale, nuage dense de plasma en expansion rapide. Les forces magnétiques associées aux ondes de choc engendrées par les éjections les plus violentes peuvent accélérer les particules chargées jusqu'à des vitesses proches de celle de la lumière.

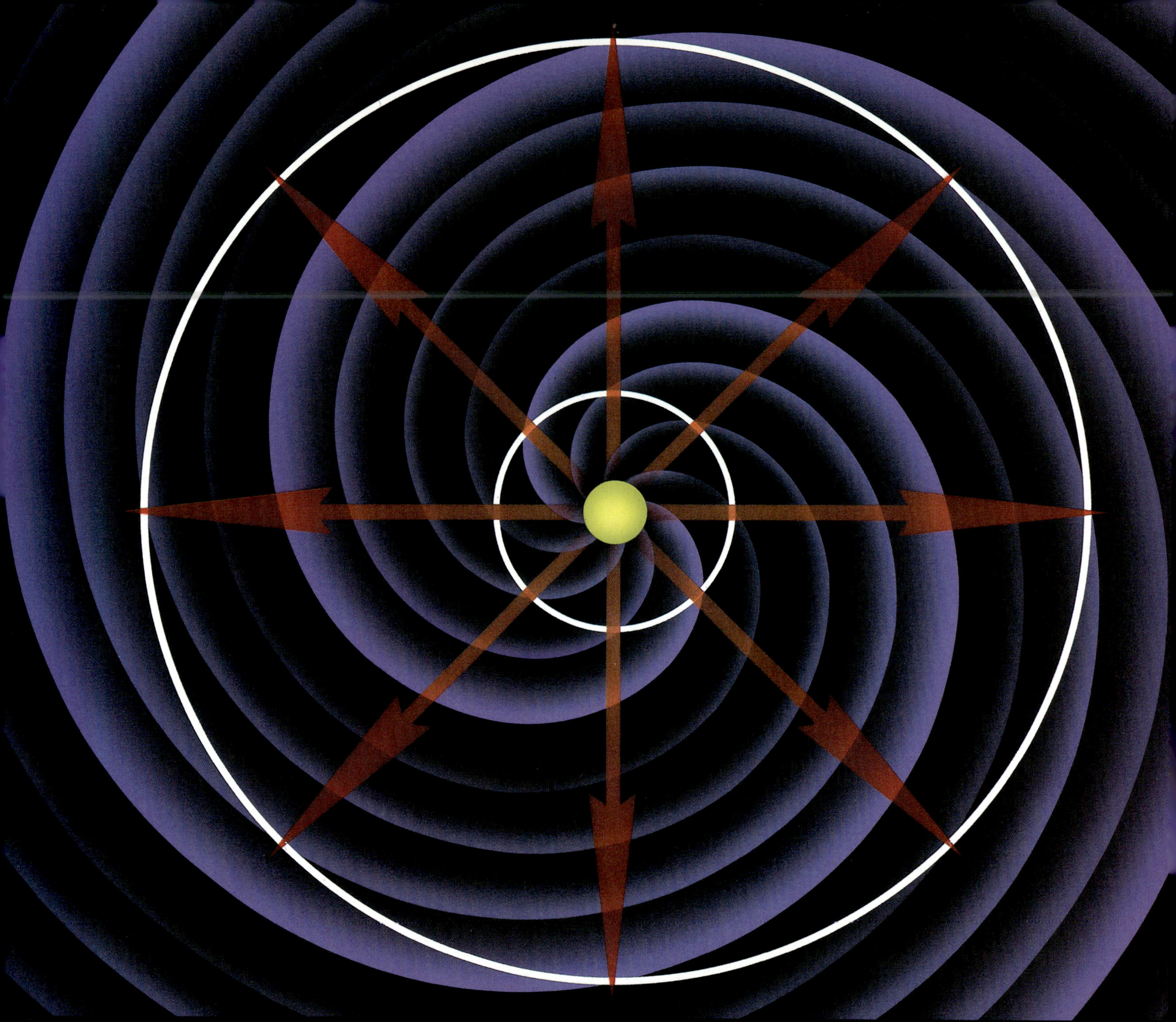

Lignes de force interplanétaire

À mesure que le plasma coronal se rue dans l'espace, les lignes ouvertes du champ magnétique sont entraînées par la haute conductivité électrique du plasma. Ce magnétisme transporté par le vent solaire constitue le champ magnétique interplanétaire. Bien que relativement faible — sur l'orbite terrestre, il ne représente que un dix-millième du champ magnétique de la Terre — ce champ exerce une profonde influence sur la fréquence et l'intensité des tempêtes magnétiques.

Comme on le voit sur la représentation schématique ci-dessus, chaque ligne ouverte appartenant au champ magnétique interplanétaire *(en violet)* a une extrémité fermement enracinée dans le Soleil; puis, à mesure que celui-ci tourne, les lignes se tordent et créent un champ en spirale. Pendant ce temps, le vent solaire *(flèches)*, rayonnant de l'astre, souffle perpendiculairement au champ en spirale. Sur l'orbite terrestre *(cercle intérieur blanc)*, le champ interplanétaire et le vent solaire font un angle d'environ 45 degrés; à la distance de Jupiter *(cercle extérieur blanc)*, presque 90 degrés. Ainsi, à plus grande distance du Soleil les particules

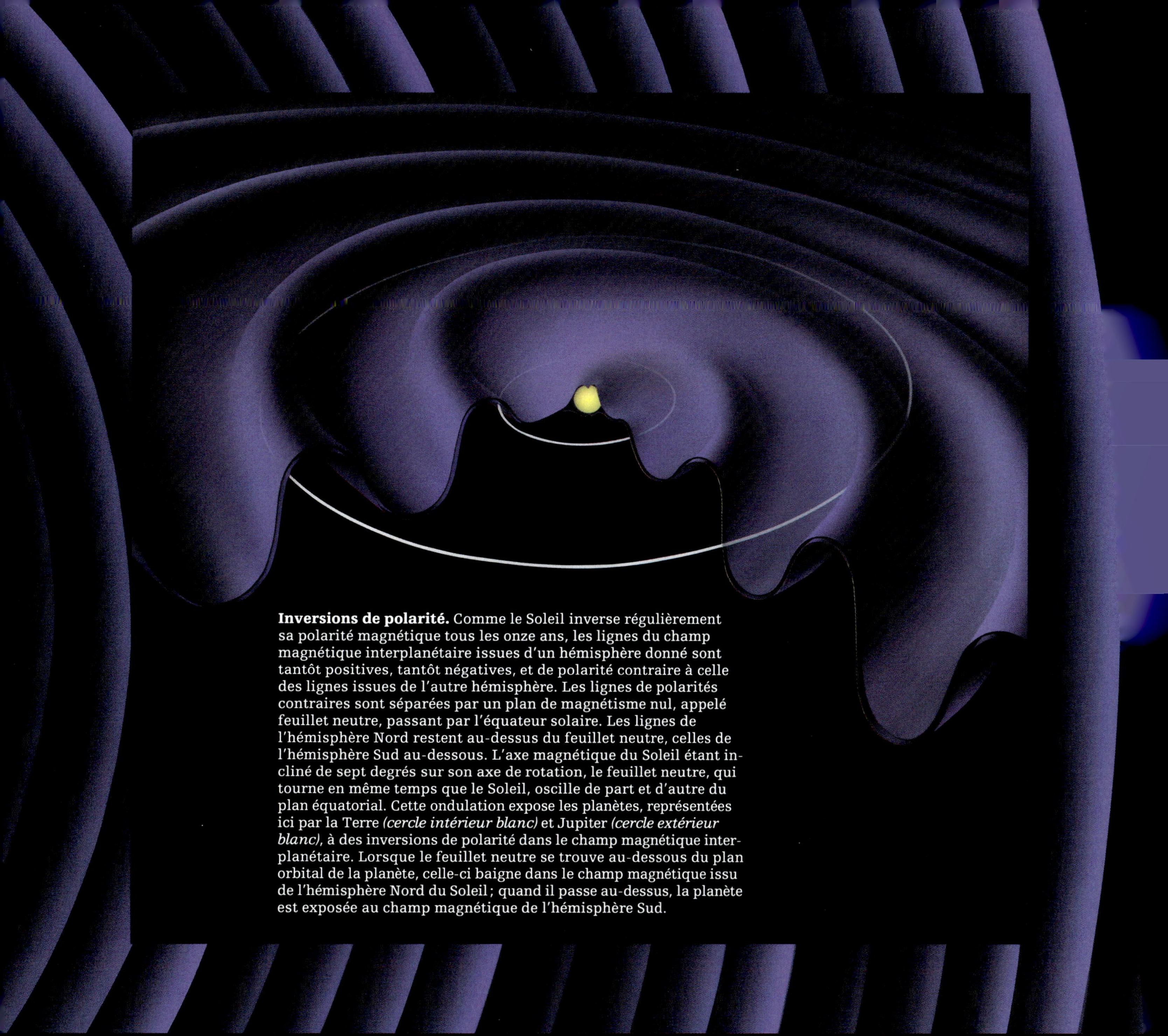

Inversions de polarité. Comme le Soleil inverse régulièrement sa polarité magnétique tous les onze ans, les lignes du champ magnétique interplanétaire issues d'un hémisphère donné sont tantôt positives, tantôt négatives, et de polarité contraire à celle des lignes issues de l'autre hémisphère. Les lignes de polarités contraires sont séparées par un plan de magnétisme nul, appelé feuillet neutre, passant par l'équateur solaire. Les lignes de l'hémisphère Nord restent au-dessus du feuillet neutre, celles de l'hémisphère Sud au-dessous. L'axe magnétique du Soleil étant incliné de sept degrés sur son axe de rotation, le feuillet neutre, qui tourne en même temps que le Soleil, oscille de part et d'autre du plan équatorial. Cette ondulation expose les planètes, représentées ici par la Terre *(cercle intérieur blanc)* et Jupiter *(cercle extérieur blanc)*, à des inversions de polarité dans le champ magnétique interplanétaire. Lorsque le feuillet neutre se trouve au-dessous du plan orbital de la planète, celle-ci baigne dans le champ magnétique issu de l'hémisphère Nord du Soleil ; quand il passe au-dessus, la planète est exposée au champ magnétique de l'hémisphère Sud.

chargées les plus énergétiques sont déviées par l'enroulement des lignes de force et suivent une spirale de plus en plus serrée.

La polarité du champ — sa direction magnétique — facteur clé dans la création de perturbations magnétiques, varie selon l'orientation relative du champ et de la planète. Elle peut être positive ou négative suivant la direction dans laquelle pointerait l'aiguille d'une boussole alignée avec la source du champ : si l'aiguille s'écarte du Soleil, le champ est positif ; sinon, il est négatif. La polarité du champ sur une orbite planétaire donnée change selon que les lignes de champ balayant la planète naissent dans l'hémisphère Nord ou Sud du Soleil *(encadré ci-dessus)*. Quand la direction du champ interplanétaire est opposée à celle du champ magnétique planétaire se produit un phénomène, la fusion magnétique, qui déclenche des aurores polaires et d'autres perturbations électromagnétiques. Sur l'orbite terrestre, la polarité du champ interplanétaire peut s'inverser jusqu'à quatre fois au cours des vingt-sept jours de la rotation solaire. Les savants reconnaissent que ce modèle n'est valable que durant un minimum solaire ; quand l'activité des taches est à son maximum, l'orientation des lignes de champ et la polarité magnétique deviennent plus chaotiques et leur modélisation problématique.

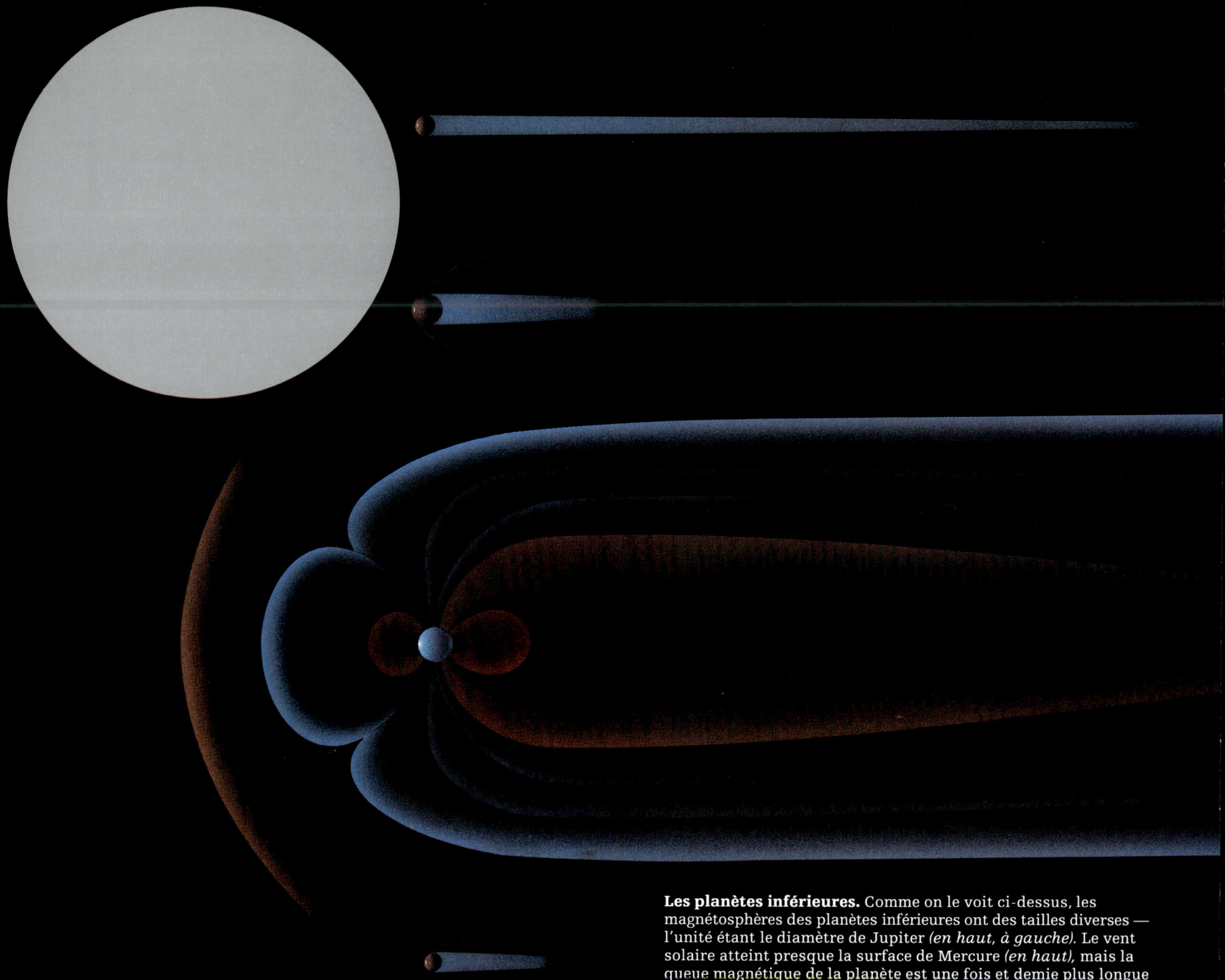

Les planètes inférieures. Comme on le voit ci-dessus, les magnétosphères des planètes inférieures ont des tailles diverses — l'unité étant le diamètre de Jupiter *(en haut, à gauche).* Le vent solaire atteint presque la surface de Mercure *(en haut),* mais la queue magnétique de la planète est une fois et demie plus longue que le diamètre de Jupiter. Vénus *(la suivante)* et Mars *(en bas)* ont peu ou pas de magnétisme : leurs enveloppes sont donc très réduites. Mais la Terre *(troisième à partir du haut)* est immergée dans une magnétosphère aussi large que Jupiter et cinquante fois plus longue (plus de trois mètres à l'échelle du dessin).

LES MAGNÉTOSPHÈRES, REPOUSSOIR COSMIQUE

De même que des édifices forcent le vent à les contourner, les planètes font obstacle au passage des particules solaires et créent sur leurs flancs des creux de calme. Le vent sculpte ces cavités en magnétosphères, vastes configurations qui gonflent ou rétrécissent selon les intensités relatives du champ magnétique de la planète et de la pression exercée par le plasma solaire, elle-même fonction de sa densité sur l'orbite.

Une magnétosphère agit comme une sorte de bouclier sur les particules électriquement chargées du vent solaire. Sa résistance au vent se reflète dans la distance entre sa partie frontale et la surface de la planète. Par exemple, Mercure a un champ magnétique faible ; de plus, son atmosphère est quasi inexistante. Le vent — qui, si près du Soleil, est de densité et de puissance maximales — écrase pratiquement la magnétosphère sur la surface de la planète. Par contraste, la magnétosphère de Jupiter est tellement chargée de magnétisme que le vent solaire, ici 200 fois moins dense que sur Mercure, ne peut guère repousser le bouclier de forces de la planète au-delà d'une dis-

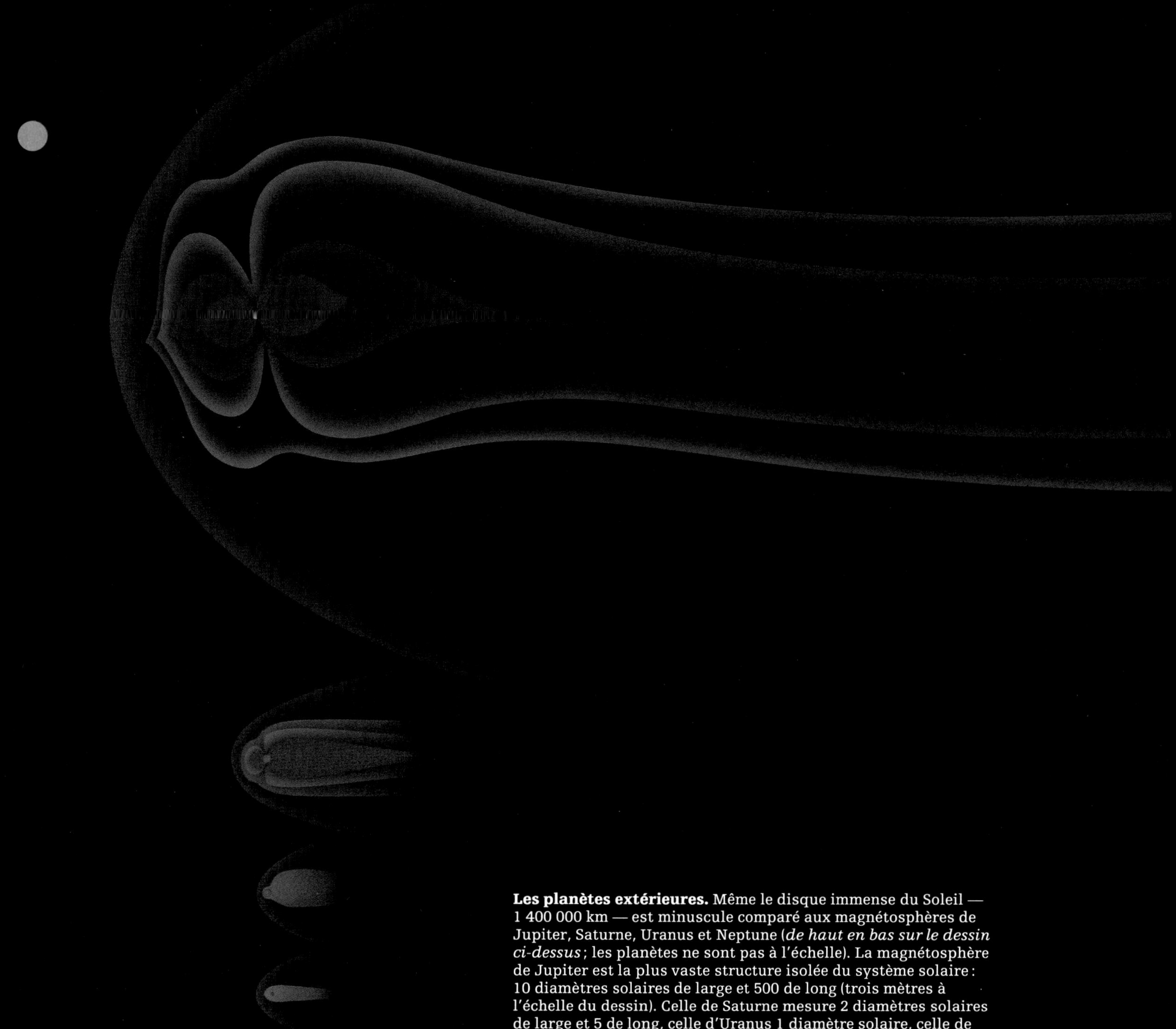

Les planètes extérieures. Même le disque immense du Soleil — 1 400 000 km — est minuscule comparé aux magnétosphères de Jupiter, Saturne, Uranus et Neptune (*de haut en bas sur le dessin ci-dessus*; les planètes ne sont pas à l'échelle). La magnétosphère de Jupiter est la plus vaste structure isolée du système solaire : 10 diamètres solaires de large et 500 de long (trois mètres à l'échelle du dessin). Celle de Saturne mesure 2 diamètres solaires de large et 5 de long, celle d'Uranus 1 diamètre solaire, celle de Neptune 0,5 diamètre solaire de large et 2 de long.

tance équivalant à trente-cinq fois son diamètre.

Le rôle joué par la densité du vent pour modifier la taille d'une magnétosphère est net avec Saturne, dont le champ magnétique est trente-deux fois moins fort que celui de Jupiter; mais la pression du vent solaire s'exerçant sur Saturne n'est plus que un quart de celle s'exerçant sur Jupiter et la magnétosphère relativement faible de Saturne peut se dilater. Si elle demeure inférieure à celle de Jupiter, elle s'étend cependant sur plusieurs diamètres solaires.

Les déformations magnétosphériques les plus importantes se produisent sur Uranus et sur Neptune, dont les axes magnétiques sont fortement inclinés sur les axes de rotation — respectivement 60 et 50 degrés, contre les 10 degrés de la Terre et de Jupiter. Du fait de cette inclinaison, la magnétosphère se dilate et se contracte alternativement, selon le degré d'alignement des axes magnétiques par rapport au vent solaire.

Finalement, même Mars et Vénus, qui ont des champs magnétiques négligeables, interagissent avec le vent solaire pour former des cavités de type magnétosphérique. Leurs atmosphères, conductrices de l'électricité, créent assez de résistance pour ralentir le vent solaire qui souffle à leur rencontre. Le vent et les lignes de champ interplanétaire sont alors balayés vers l'arrière des planètes pour former une queue.

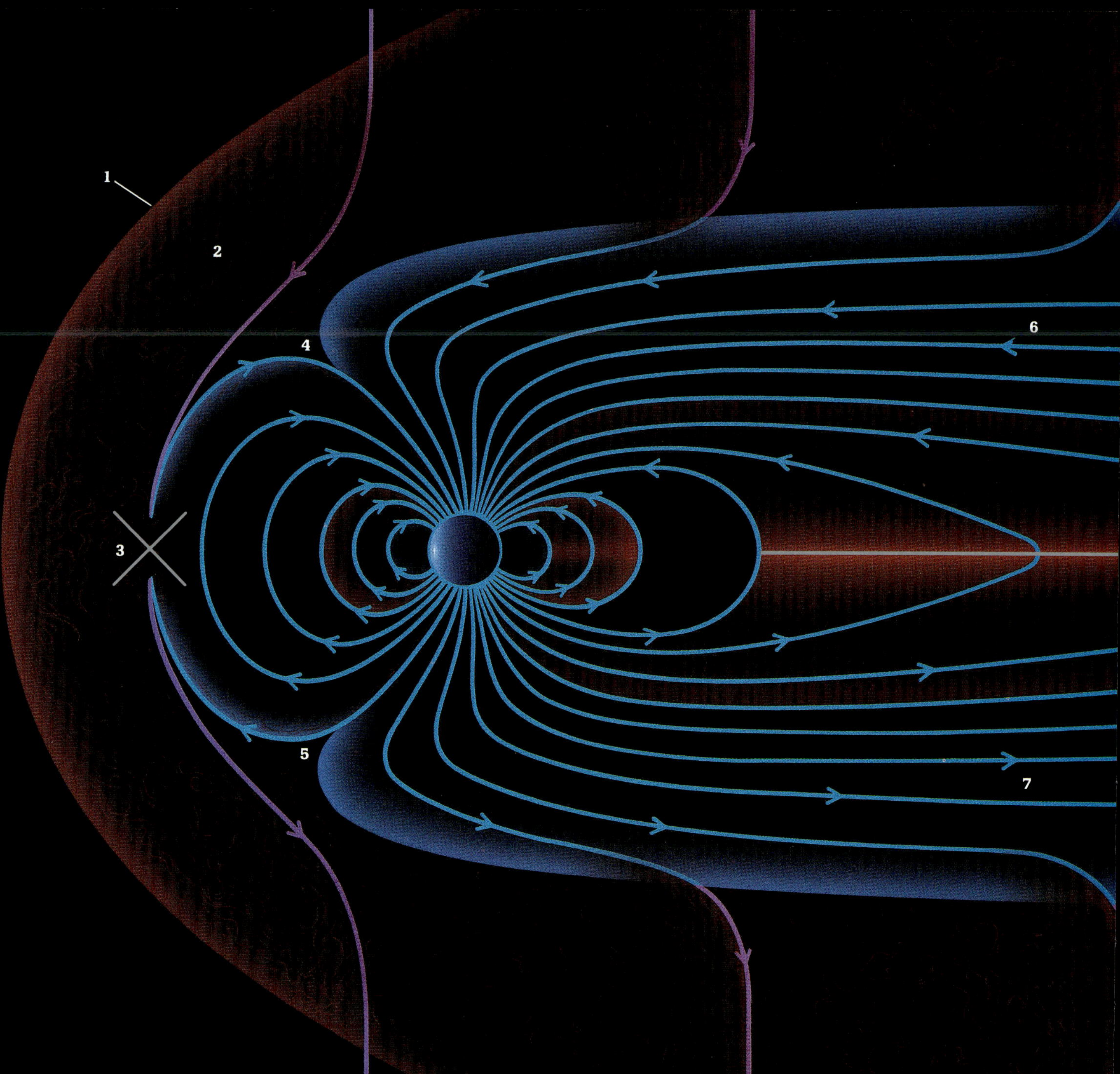

Une brèche dans les défenses de la Terre

Les immenses queues qui constituent l'essentiel d'une magnétosphère sont engendrées et maintenues par un processus complexe permettant au vent solaire de transpercer les défenses de la planète et de transférer de vastes quantités d'énergie dans la magnétosphère. En parvenant à la Terre, par exemple *(ci-dessus)*, le plasma solaire rencontre d'abord l'onde de choc *(1)*, où de complexes interactions entre les gaz et les champs ralentissent, compriment et chauffent le vent entrant, créant une zone de particules chargées ultra-chaudes appelée magnétogaine *(2)*. Quand ces particules atteignent la magnétopause *(3)*, qui marque la limite de l'influence magnétique terrestre, la plupart sont réfléchies, comme rebondissant sur une armure.

Mais, quand une ondulation du champ interplanétaire expose périodiquement la Terre aux lignes de champ magnétique de polarité opposée à celle du champ terrestre, les deux champs fusionnent et créent un point neutre *(croix argentée)* situé sur la magnéto-

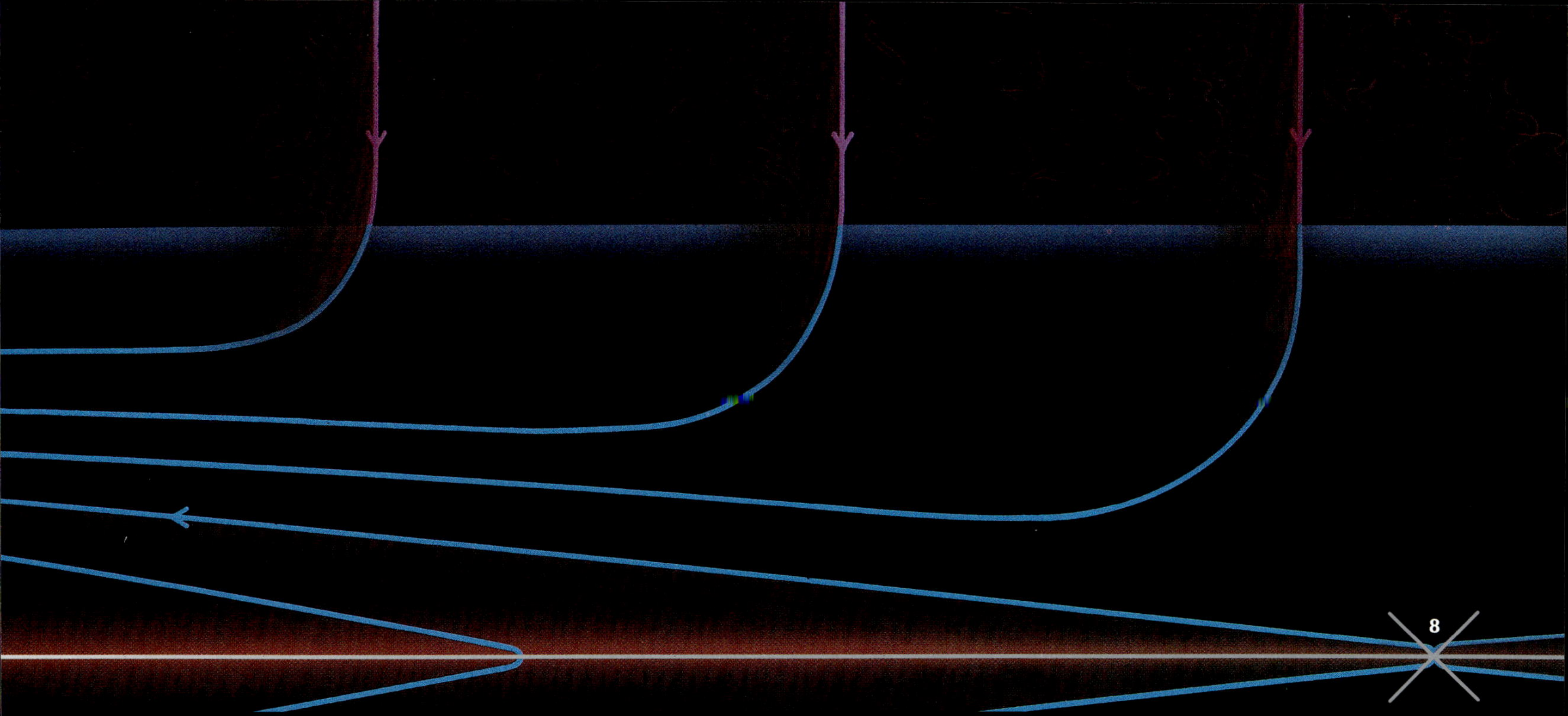

Genèse d'une queue. Cette suite de schémas explique la formation d'une queue magnétosphérique. Une ligne de champ interplanétaire *(en violet)* atteint une zone *(croix)* où elle peut se connecter aux lignes de champ de la Terre *(en bleu)*.

La jonction a lieu au centre de la croix, point neutre où l'intensité du champ est pratiquement nulle. Les lignes de champ magnétique commencent ensuite à se mélanger.

Les lignes magnétiques se cassent en deux et libèrent une énergie qui les éloigne du point neutre. Chaque moitié de ligne de champ interplanétaire se joint à une moitié de ligne de champ terrestre ayant la polarité contraire et engendre deux lignes hybrides.

Une extrémité enracinée dans les pôles magnétiques de la Terre et l'autre dans le plasma solaire, les lignes hybrides sont balayées vers l'arrière et s'incorporent à la queue. Cela se répète dès qu'une autre ligne atteint la région où se produit la fusion magnétique.

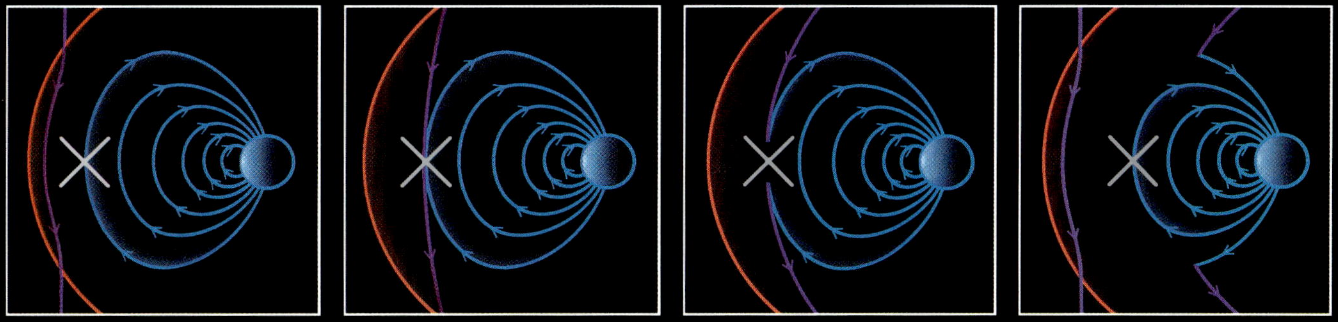

pause *(3)*. Les lignes fusionnées (hybrides), propulsées par l'énergie libérée lors de la fusion, sont violemment repoussées loin du point neutre et entraînées par le courant solaire à la fois vers les deux pôles *(4, 5)* et vers la partie arrière de la Terre, où elles s'incorporent à la longue queue magnétique *(encadré ci-dessus)*.

La magnétosphère est maintenant effectivement ouverte au vent solaire: chaque fois qu'une ligne hybride est rabattue dans la queue, le plasma solaire s'écoule le long du champ dans la magnétosphère terrestre, engendrant un intense courant électrique. Les forces électromagnétiques guident les lignes chargées de plasma de la moitié supérieure à la moitié inférieure de la queue magnétique *(6, 7)*, transportant l'énergie vers le plan médian. Les lignes de champ de polarités opposées créent à leur jonction un nouveau point neutre *(8)*, libérant l'énergie magnétique et projetant le plasma dans toutes les directions. En moins de quelques minutes, le processus dépose dans la magnétosphère interne l'équivalent de plusieurs jours de consommation d'énergie aux États-Unis; cette énergie est stockée pendant une heure ou plus, puis est soudain relâchée dans le vent solaire et l'atmosphère terrestre *(pages 132-133)*.

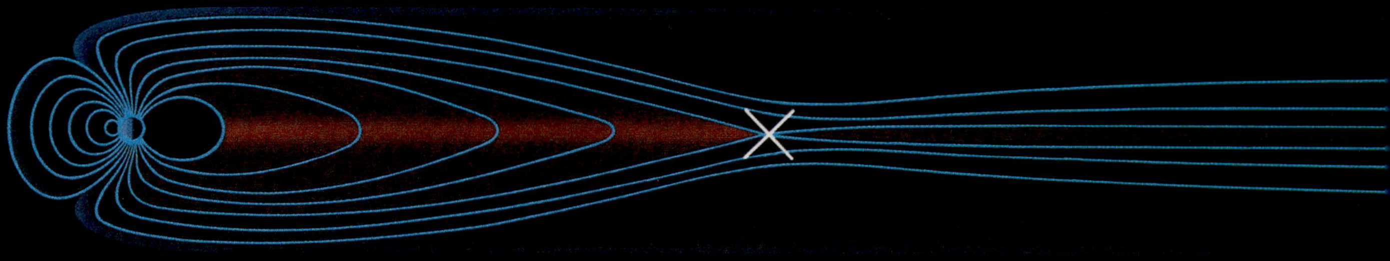

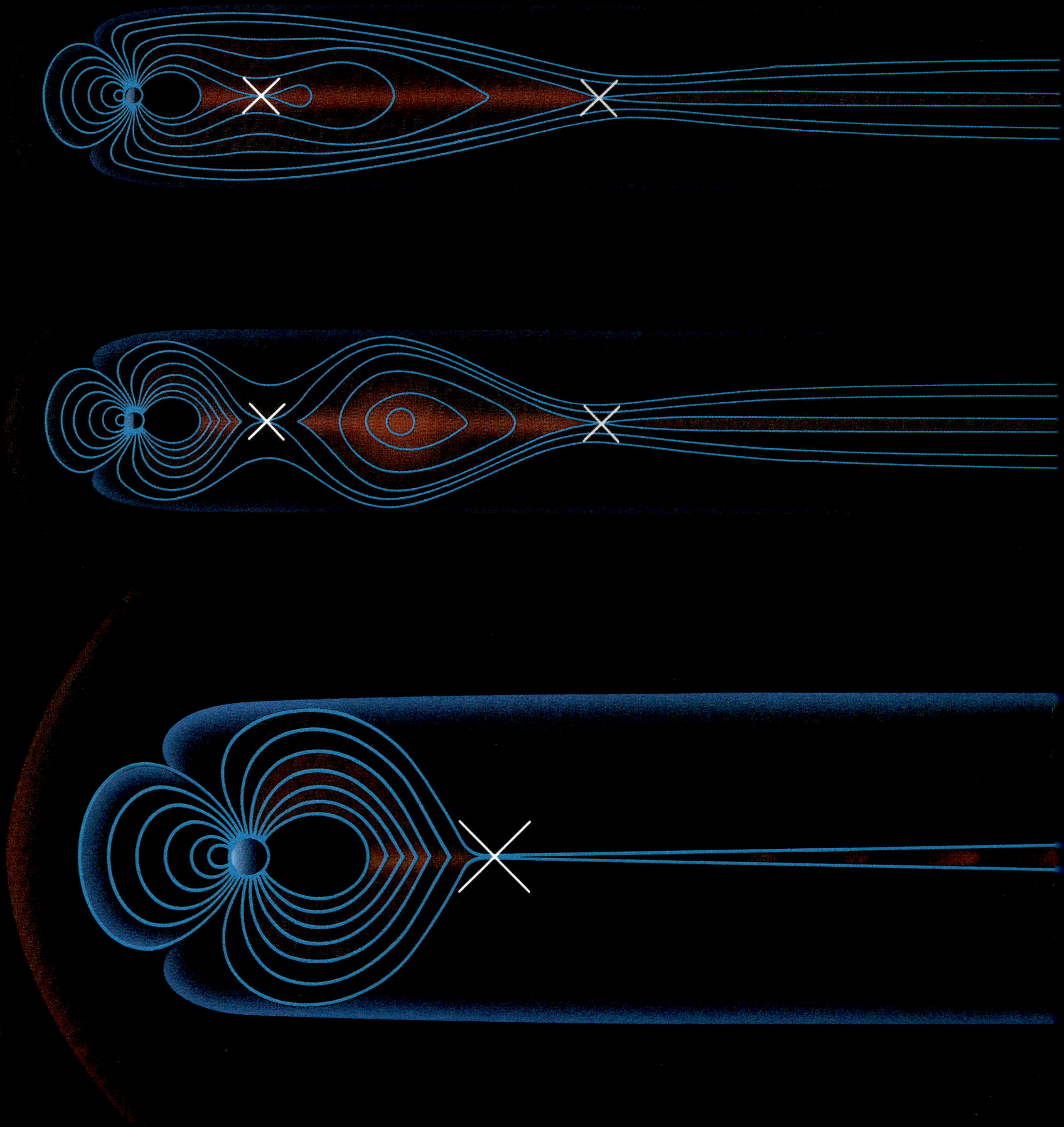

L'EXPANSION DES VENTS DU PLASMA

Hormis les interférences radio et l'illumination féerique des aurores polaires, les tempêtes magnétiques fréquentes dans la magnétosphère terrestre restent indétectables à la surface de la planète, 150 000 km plus bas. Quatre fois par jour en moyenne, l'enveloppe magnétique de la Terre s'agite et libère des milliards de kilowattheures d'énergie. De telles perturbations ramènent rarement la magnétosphère à un état plus stable de basse énergie.

Durant la phase principale de la tempête, l'énergie magnétique emmagasinée est convertie en énergie cinétique par le processus de fusion magnétique qui se déroule au sein de la queue magnétique *(diagrammes de gauche)*. Cette énergie cinétique donne lieu à l'un des phénomènes cosmiques les plus spectaculaires : le catapultage d'un gigantesque œuf de plasma surchauffé, à une vitesse pouvant dépasser trois millions de kilomètre/heure. L'éjection précipite également les électrons et les ions de la queue en direction de la Terre, le long des lignes de champ magnétique connectées à l'atmosphère aux hautes latitudes. Bombardées par les électrons, les molécules des gaz atmosphériques se scindent en atomes, émettant des arcs lumineux écarlates, verts et pourpres. Après environ trois heures, la tempête se calme et la magnétosphère retrouve sa configuration initiale *(pages 130-131)*.

Constitution. Une heure environ après le début d'un orage, les lignes de champ s'étirent et la queue se dilate *(en haut, à gauche)* à mesure que l'énergie du vent solaire est transférée à la magnétosphère. La partie médiane s'amincit et les lignes de champ chargées de plasma émigrent rapidement vers l'intérieur *(au centre)*. À l'intérieur de la première boucle, les parties de polarité opposée se touchent, se cassent et se reconnectent, créant un point neutre de l'orage *(croix blanche)*, en amont du point neutre de la queue *(croix argentée)*. D'autres lignes de champ font de même *(en bas)* et forment en aval un ensemble de lignes refermées sur la Terre et un domaine magnétique, le plasmoïde. Des jets de particules énergétiques jaillissent de part et d'autre du point neutre de l'orage ; d'un côté, les électrons se déversent dans l'ionosphère terrestre, d'où des aurores ; à l'opposé, le plasmoïde est entouré d'une gaine de plasma fortement magnétisé.

Expulsion. Des quantités colossales d'énergie sont libérées lorsque l'ensemble des lignes de champ de la queue se croisent au point neutre de l'orage. Agissant comme une fronde magnétique, les lignes de champ amalgamées expulsent dans l'espace interplanétaire la bulle géante de plasma — mesurant quelque 76 rayons terrestres de longueur, 20 de largeur et 12 de hauteur.

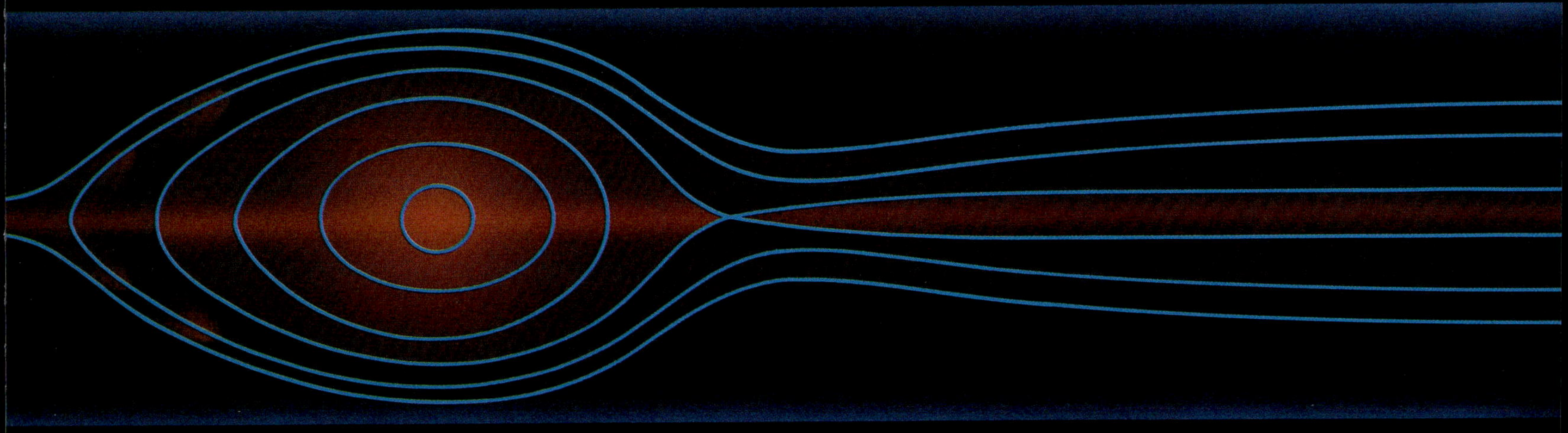

GLOSSAIRE

Absorption (raie d') : Dans un spectre, raie ou bande sombre figurant à une certaine longueur d'onde, formée lorsqu'un élément situé entre la source de rayonnement et l'observateur absorbe le rayonnement électromagnétique de cette longueur d'onde. Les différents éléments produisent des motifs caractéristiques de raies d'absorption.

Angström : Unité de longueur égale à un dix-milliardième de mètre, utilisée pour mesurer les longueurs d'onde.

Antineutrino : Particule élémentaire produite par les réactions de fusion transformant les neutrons en protons. Sa détection permet de confirmer l'existence des neutrinos. *Voir* Neutrino.

Arc (seconde d') : Soixantième partie d'une minute d'arc, elle-même la soixantième partie d'un degré. Il y a 360 degrés dans un cercle complet. En astronomie solaire, les plus petites structures qui peuvent être distinguées à la surface du Soleil se mesurent en secondes d'arc.

ATP (triphosphate d'adénosine) : Molécules créées par les organismes vivants lors de l'assimilation de certains aliments tels que le sucre. Emmagasinant de l'énergie, les molécules servent de combustible à toutes les cellules. Dans les plantes vertes, des structures biologiques spécialisées, les chloroplastes, convertissent la lumière du Soleil en ATP.

Aurore : Lumière produite au voisinage des pôles magnétiques d'une planète par les collisions entre les particules chargées piégées par le champ magnétique de la planète et les atomes des gaz atmosphériques. Sur Terre, ce phénomène n'est, sauf cas exceptionnel, visible que près des pôles.

Bolomètre : Instrument qui mesure l'énergie radiante, incluant le rayonnement micro-onde et infrarouge.

Brillance : En astronomie, quantité de lumière émise par un astre reçue sur Terre. La brillance d'un astre est une combinaison de sa luminosité, de sa distance et de l'absorption de la lumière par des poussières ou du gaz intermédiaires.

Calorie : Quantité de chaleur requise pour élever la température de un gramme d'eau de un degré Celsius sous la pression atmosphérique, à partir d'une température initiale.

CCD (Dispositif à couplage de charge) : Batterie de détecteurs électroniques, montée généralement au foyer d'un télescope, qui enregistre le rayonnement électromagnétique.

Champ magnétique : Champ de force entourant le Soleil et les planètes, engendré par des courants électriques exerçant une influence magnétique sur les autres courants. Le champ magnétique du Soleil, tout comme celui de la Terre, a des pôles Nord et Sud reliés par les lignes de force magnétique.

Champ magnétique interplanétaire : Enveloppe électromagnétique sculptée autour du Soleil par le vent solaire, supposée s'étendre au-delà des confins du système solaire. *Voir* Champ magnétique.

Chlorophylle : Substance de pigmentation verte qui n'existe que dans les plantes et qui constitue la clé du processus de photosynthèse. *Voir* Photosynthèse.

Chloroplaste : Structure biologique spécialisée qui convertit la lumière du Soleil au cours de la photosynthèse. Les chloroplastes se trouvent dans toutes les cellules végétales.

Chromosphère : Couche de l'atmosphère du Soleil située entre la photosphère et la couronne. Son nom, signifiant «sphère de couleur», vient de son aspect d'anneau rouge vif encerclant le disque lunaire, visible au moment d'une éclipse totale de Soleil.

Cœur : En astronomie solaire, désigne le centre du Soleil, où l'énergie est engendrée par les réactions nucléaires.

Constante solaire : Quantité moyenne d'énergie, mesurée généralement en watts, que le Soleil délivre par mètre carré de surface au-dessus de l'atmosphère terrestre, à une unité astronomique de distance (la distance moyenne Terre-Soleil).

Convection (zone de) : Région de 200 000 km de profondeur, située juste au-dessous de la surface solaire, dans laquelle l'énergie est transportée vers l'extérieur par des courants de gaz, grâce à des mouvements dits de convection.

Coronographe : Télescope solaire dans lequel un disque occultateur produit une éclipse artificielle du Soleil, ce qui permet à l'instrument de photographier la couronne.

Couronne : Couche extérieure de l'atmosphère solaire, constituée de gaz ionisés extrêmement chauds et ténus.

Cycle de taches : Période récurrente de onze ans embrassant la naissance et le déclin des taches solaires.

Cycle solaire : Période d'environ vingt-deux ans séparant deux apparitions successives de taches de même latitude et de même polarité magnétique. *Voir* Tache solaire.

Décalage Doppler : Variation de la longueur et de la fréquence d'une onde sonore ou électromagnétique, due au mouvement de la source, de l'observateur ou des deux.

Deutérium : Forme d'hydrogène dont le noyau contient un neutron et un proton ; appelé aussi hydrogène lourd.

Deutéron : Noyau de l'atome de deutérium.

Disque occultateur : Partie d'un télescope solaire qui intercepte le lumière brillante du disque solaire et rend possible l'observation de la lumière plus faible de la couronne.

Éclipse : Occultation de la lumière d'un astre quand celui-ci passe dans l'ombre d'un autre corps. Dans une éclipse solaire, la Lune passe entre la Terre et le Soleil et occulte la lumière de ce dernier.

Éjection de masse coronale : Vaste bulle de plasma éjectée de la couronne solaire et qui voyage dans l'espace à très grande vitesse.

Électromagnétisme : Force qui attire les particules chargées de signes opposés et repousse celles de même signe. L'électromagnétisme n'affecte pas les particules neutres telles que les neutrinos.

Émission (raie d') : Dans un spectre, bande brillante figurant à une certaine longueur d'onde, émise directement par la source et révélant par sa longueur d'onde la présence d'un certain élément chimique de cette source.

Énergie photovoltaïque (ou énergie solaire) : Énergie électrique produite par l'exposition à la lumière du Soleil d'un certain composé chimique — typiquement, un mélange de silicium, de bore et de phosphore.

Éruption solaire : Libération explosive, accompagnée d'une brusque augmentation d'éclat, de rayonnement électromagnétique et de particules chargées, dans une petite région de la surface solaire au voisinage d'une tache.

Facule : Nuage dense et brillant de gaz photosphérique qui plane au-dessus des taches ou autres centres actifs de la surface solaire.

Fibrilles : Bandes de gaz horizontales et sinueuses qui apparaissent à la surface du Soleil, signalant la proximité d'un centre actif.

Fission : Réaction nucléaire qui libère de l'énergie lorsque des noyaux atomiques très lourds se brisent en noyaux plus légers. La fission alimente les bombes atomiques de même nom. *Voir* Fusion.

Foyer primaire : À l'intérieur d'un télescope, point où le rayonnement électromagnétique collecté par l'instrument est focalisé en premier lieu.

Fréquence: Nombre d'oscillations par seconde d'une onde de type électromagnétique ou autre. *Voir* Longueur d'onde.

Fusion: Combinaison de deux noyaux atomiques pour former un noyau plus lourd, combinaison qui s'accompagne d'une libération d'énergie. La fusion alimente les bombes à hydrogène. *Voir* Fission.

Gauss: Unité de mesure d'un champ magnétique. Le champ magnétique de la Terre ne dépasse pas une moyenne de un gauss, tandis que celui du Soleil peut atteindre 5 000 gauss dans des régions localisées telles que les taches.

Granule: Zone à peu près circulaire de la surface solaire, dont le centre brillant indique que du gaz chaud monte en surface tandis que le pourtour sombre indique que le gaz refroidi retombe vers l'intérieur; les granules donnent à la photosphère son aspect tacheté.

Héliosismologie: Étude des oscillations de surface du Soleil reliant la structure interne de l'étoile à sa dynamique.

Héliosphère: Vaste volume de l'espace interplanétaire embrassé par le vent solaire et son champ magnétique associé, qui s'étend jusqu'aux frontières du système solaire et peut-être au-delà.

Héliostat: Partie d'un télescope solaire dans laquelle un miroir contrôlé par ordinateur suit automatiquement le Soleil dans sa course à travers le ciel; il réfléchit selon un angle constant la lumière du Soleil dans le télescope.

Infrarouge: Gamme de rayonnement électromagnétique de plus basse fréquence et de plus grande longueur d'onde que le rouge de la lumière visible. La majeure partie du rayonnement infrarouge du Soleil est absorbée par l'atmosphère de la Terre, mais certaines longueurs d'onde peuvent être détectées au sol.

Ion: Atome qui, ayant perdu ou gagné un ou plusieurs électrons, est devenu électriquement chargé. En revanche, un atome neutre a un nombre égal d'électrons chargés négativement et de protons chargés positivement, ce qui annule sa charge électrique totale.

Ionisation: Processus par lequel un atome électriquement neutre perd ou gagne des électrons.

Ionosphère: Zone de l'atmosphère terrestre s'étendant entre 80 et 500 km d'altitude, constituée de multiples couches d'atomes ionisés.

Isotope: L'une des diverses formes atomiques d'un élément chimique donné, ayant le même nombre de protons que la forme la plus répandue de cet élément, mais un nombre différent de neutrons.

Limbe: Bord apparent du Soleil (ou de la Lune).

Longueur d'onde: Distance entre deux crêtes successives d'une onde (de type électromagnétique ou autre). Les longueurs d'onde sont liées à la fréquence: plus la longueur d'onde est grande, plus la fréquence est faible.

Luminosité: Débit d'énergie total d'un astre, mesuré généralement en ergs, en calories ou en watts; parfois appelée brillance intrinsèque ou absolue.

Magnétogaine: Région turbulente de l'espace interplanétaire dans laquelle les particules du vent solaire sont ralenties et déviées par la magnétosphère d'une planète. La magnétogaine est prise en sandwich entre l'onde de choc du vent solaire et la magnétopause.

Magnétopause: Interface entre la magnétogaine et la magnétosphère d'une planète.

Magnétosphère: Grande enveloppe de lignes de champ magnétique façonnée par les interactions entre le champ magnétique d'une planète et le vent solaire (flot de particules chargées en provenance du Soleil).

Masse: Mesure de la quantité totale de matière contenue dans un corps, déterminée par sa gravité ou sa tendance à résister à l'accélération.

Maximum solaire: Pic du cycle d'activité solaire, quand le nombre de taches atteint son maximum avant de décliner.

Mécanique quantique: Description mathématique des lois gouvernant l'interaction ou la désintégration des particules atomiques, fondée sur le principe quantique selon lequel l'énergie est émise par quantités discrètes et non continues.

Minimum de Maunder: Période comprise entre 1645 et 1715 pendant laquelle le Soleil a été pratiquement dépourvu de taches. Cet allongement à soixante-dix ans d'un minimum de l'activité solaire fut découvert en 1890 par l'astronome britannique Edward Maunder.

Minimum solaire: Début ou fin d'un cycle solaire, caractérisé par l'absence presque totale de taches.

Muon: Particule élémentaire chargée semblable à un électron mais beaucoup plus massive et beaucoup moins stable.

Neutrino: Particule élémentaire sans charge et probablement sans masse, produite par les réactions nucléaires au centre du Soleil. Les scientifiques recherchent des neutrinos de plusieurs types, qui pourraient révéler les détails des processus qui alimentent le Soleil.

Occultation: Interception partielle du rayonnement électromagnétique d'un astre par des moyens naturels ou artificiels. *Voir* Coronographe; Éclipse.

Onde de choc: Discontinuité brutale dans l'état thermodynamique d'un gaz, d'un liquide ou d'un plasma, caractérisée par un changement abrupt de la température, de la pression et de la vitesse de la matière.

Particules chargées: Constituants fondamentaux de la matière, tels que protons et électrons, qui sont responsables de tous les phénomènes électriques. Les particules chargées sont positives ou négatives; chacune est entourée d'un champ de force électrique qui attire les particules de charge opposée et repousse celles de même charge.

Photon: Paquet d'énergie électromagnétique qui se comporte comme une particule sans charge voyageant à la vitesse de la lumière.

Photosphère: Couche visible du Soleil, extrêmement brillante, de 300 km d'épaisseur. Elle est située entre la zone de convection et la chromosphère et diffère de cette dernière par le fait que ses constituants gazeux ne sont pas régis par les champs magnétiques.

Photosynthèse: Processus par lequel les plantes vertes utilisent l'énergie solaire pour fabriquer les hydrates de carbone et d'autres substances organiques telles que le dioxyde de carbone et l'eau. L'un des produits essentiels de la photosynthèse est l'oxygène.

Plasma: Configuration de type gazeux constituée de particules chargées, qui répond collectivement aux courants électriques et aux champs magnétiques. Considéré comme un quatrième état de la matière (avec les solides, les liquides et les gaz), le plasma constitue l'essentiel du Soleil.

Plasmoïde: Couche de plasma pincée par la pression magnétique du vent solaire dans la queue magnétosphérique d'une planète.

Plumes coronales: Jets de plasma solaire s'échappant à faible vitesse de la couronne solaire.

Polarisation: État dans lequel les ondes électromagnétiques, en général des rayons de lumière visible, oscillent dans un plan ou une direction privilégiés.
Polarité: Orientation, alignement, séparation d'une force ou propriété physique polaire intrinsèque. Le Soleil présente une polarité magnétique globale, qui s'inverse environ tous les onze ans.
Positon: Particule élémentaire de même masse que l'électron mais de charge électrique positive.
Protubérance: Projection de gaz solaires maintenue en suspension dans la chromosphère ou la couronne par les forces magnétiques. Les protubérances actives ressemblent à des boucles; les protubérances éruptives peuvent former des ponts de trois millions de kilomètres de hauteur avant d'éclater, tandis que les protubérances quiescentes stagnent sans incident pendant plusieurs semaines ou plusieurs mois.
Pyrohéliomètre: Instrument du XIXe siècle destiné à mesurer la quantité totale d'énergie radiante que le Soleil délivre sur un centimètre carré de surface terrestre par minute.
Queue magnétique: Extension de la magnétosphère d'une planète, en forme de courant houleux, produite dans l'ombre de la planète par l'action du vent solaire.
Radiative (zone): Couche interne du Soleil, située entre le cœur et la zone de convection, dans laquelle l'énergie est transportée vers l'extérieur par le rayonnement.
Radiomètre: Tout dispositif mesurant l'intensité du rayonnement électromagnétique.
Raie spectrale: Dans un spectre, bande sombre ou brillante produite par les atomes lorsqu'ils absorbent ou émettent de la lumière.
Rayonnement corpusculaire: Nom donné dans les années 1950 au courant de particules chargées émis par le Soleil, rebaptisé plus tard vent solaire.
Rayonnement électromagnétique: Ondes de différentes longueurs transportant dans l'espace l'énergie électrique et magnétique à la vitesse de la lumière.
Rayonnement gamma: Forme la plus énergétique du rayonnement électromagnétique, de plus grandes fréquences et plus courtes longueurs d'onde. L'atmosphère de la Terre absorbant la majeure partie du rayonnement situé dans cette extrémité du spectre, l'étude de l'émission gamma du Soleil s'effectue habituellement dans l'espace.
Rayonnement X: Gamme du rayonnement électromagnétique dont les longueurs d'onde sont intermédiaires entre celles de l'ultraviolet et des rayons gamma. Comme les rayons X sont absorbés par l'atmosphère terrestre, l'astronomie du rayonnement X est pratiquée dans l'espace.
Réaction proton-proton: Chaîne de réactions de fusion dans laquelle les noyaux d'hydrogène, constitués d'un seul proton, fusionnent pour former du deutérium, puis de l'hélium, et libèrent de l'énergie.
Résolution: Mesure de la finesse avec laquelle les détails d'une image peuvent être séparés ou résolus. Le pouvoir de résolution d'un télescope est en général proportionnel au diamètre du miroir collecteur (ouverture). La résolution spatiale se réfère à la possibilité de discriminer les détails d'une image, la résolution spectrale à celle de discriminer les bandes très étroites d'un spectre.
Rotation différentielle: Phénomène par lequel les différentes régions d'un corps céleste tournent autour du noyau central à des vitesses différentes. Le Soleil tourne plus vite à l'équateur qu'aux pôles.
Spectre: Ensemble du rayonnement électromagnétique classé selon la longueur d'onde, depuis les ondes radio de grande longueur jusqu'aux rayons gamma de très courte longueur. Désigne également une bande de longueurs d'onde plus étroite, appelée spectre visible, qui se manifeste par une décomposition en différentes couleurs de la lumière dispersée par un prisme.
Spectrographe: Instrument qui décompose la lumière et les autres rayonnements électromagnétiques en leurs différentes longueurs d'onde, dont l'ensemble constitue le spectre. Celui-ci peut être enregistré par des procédés photographiques ou électroniques. Lorsque l'instrument n'est pas équipé d'un tel dispositif, il est appelé spectroscope.
Spectrohéliogramme: Photographie du Soleil prise par un spectrohéliographe.
Spectrohéliographe: Instrument pour photographier le Soleil dans la lumière monochromatique d'une longueur d'onde sélectionnée; c'est un spectrographe spécialisé.
Spectromètre: Spectroscope ajusté de façon à pouvoir mesurer la position des raies spectrales.
Spectroscope: Tout instrument utilisé pour l'observation directe du spectre.
Spectroscopie: Étude du spectre, incluant la position et l'intensité des raies d'émission et d'absorption et permettant de déterminer la nature des éléments chimiques et les processus physiques qui les ont créés.
Spicule: Mince jet de gaz vertical et transitoire, prenant naissance à la surface du Soleil et s'élevant dans la chromosphère jusqu'à 10 000 km d'altitude.
Tache solaire: Zone sombre et frangée de la surface solaire due à une concentration des lignes de champ magnétique.
Tempête géomagnétique: Série de perturbations terrestres — telles qu'apparition d'aurores polaires et variations rapides du champ magnétique de la Terre — causées par des rafales rapides de vent solaire.
Trou coronal: Dans la couronne solaire, zone transitoire de très faible densité par laquelle s'échappe le vent solaire.
Tubes de flux: Tunnels magnétiques d'environ 500 km de diamètre qui parcourent horizontalement les couches superficielles du Soleil au moment d'un maximum solaire. Ils se forment lorsque les lignes de champ magnétique resserrées par la rotation différentielle se connectent soudain.
Ultraviolet (UV): Gamme du rayonnement électromagnétique de plus haute fréquence et de plus courte longueur d'onde que le bleu de la lumière visible. Comme l'atmosphère terrestre absorbe la plupart des rayons ultraviolets, l'étude du rayonnement ultraviolet du Soleil se fait depuis l'espace.
Vent solaire: Courant continu de particules chargées, émises par le Soleil, qui balaye tout le système solaire.
Watt: Unité de puissance électrique dont la valeur est égale à 0,0013406 cheval-vapeur.
Zeeman (effet): Élargissement ou division des raies spectrales d'une source lumineuse sous l'influence d'un puissant champ magnétique.

BIBLIOGRAPHIE

Livres

Abell, George O., *Drama of the Universe.* New York : Holt, Rinehart and Winston, 1978.

Abell, George O., David Morrison et Sidney C. Wolff, *Exploration of the Universe.* Philadelphie : Saunders College Publishing, 1987.

Akasofu, S. I., et Y. Kamide, *The Solar Wind and the Earth.* Dordrecht : D. Reidel, 1987.

Alter, Dinsmore, Clarence H. Cleminshaw et John G. Phillips, *Pictorial Astronomy.* New York : Harper & Row, 1983.

Asimov, Isaac :
Asimov's Guide to Science, Vol. 1 : The Physical Sciences. New York : Penguin Books, 1982.
The Sun Shines Bright. New York : Avon Books, 1981.

Beatty, J. Kelly, Brian O'Leary et Andrew Chaikin, *The New Solar System.* Cambridge, Massachusetts : Sky, 1982.

Berman, Louis, et J. C. Evans, *Exploring the Cosmos.* Boston : Little, Brown, 1977.

Brandt, John C. :
Comets. San Francisco : W. H. Freeman, 1981.
Introduction to the Solar Wind. San Francisco : W. H. Freeman, 1970.

Carovillano, R. L., et J. M. Forbes, *Solar-Terrestrial Physics.* Dordrecht : D. Reidel, 1983.

Chaisson, Eric, *Universe : An Evolutionary Approach to Astronomy.* Englewood Cliffs, New Jersey : Prentice-Hall, 1988.

Close, Frank, Michael Marten et Christine Sutton, *The Particle Explosion,* New York : Oxford University Press, 1987.

Dixon, Robert T., *Dynamic Astronomy.* Englewood Cliffs, New Jersey : Prentice-Hall, 1989.

Eather, Robert H., *Majestic Lights : The Aurora in Science, History, and the Arts.* Washington : American Geophysical Union, 1980.

Eddy, John A., *The New Sun : The Solar Results from Skylab.* Washington : NASA, 1979.

Eddy, John A., *The New Solar Physics.* Boulder, Colorado : Westview Press, 1978.

Egeland, A., O. Holter et A. Omholt, *Cosmical Geophysics.* Oslo : Universitetsforlaget, 1973.

Field, George B. et Eric J. Chaisson, *The Invisible Universe : Probing the Frontiers of Astrophysics.* Boston : Birkhauser, 1985.

Fire of Life. New York : Smithsonian Exposition Books, 1981 (distribué par W. W. Norton, New York).

Frazier, Kendrick, *Our Turbulent Sun.* Englewood Cliffs, New Jersey : Prentice-Hall, 1980.

Friedman, Herbert, *Sun and Earth.* New York : Scientific American Books, 1986.

Giovanelli, Ronald G., *Secrets of the Sun.* Cambridge : Cambridge University Press, 1984.

Hellman, Geoffrey T., *The Smithsonian : Octopus on the Mall.* Philadelphie : J. B. Lippincott, 1967.

Herman, John R. et Richard A. Goldberg, *Sun, Weather, and Climate.* Washington : NASA, 1978.

Herrmann, Dieter B., *The History of Astronomy from Herschel to Hertzsprung.* Revu et traduit par Kevin Krisciunas. Cambridge : Cambridge University Press, 1984.

Hundhausen, A. J., *Coronal Expansion and Solar Wind.* New York : Springer-Verlag, 1972.

Jaber, William, *Exploring the Sun.* New York : Julian Messner, 1980.

Jager, C. de, et Z. Švestka, *Progress in Solar Physics.* Dordrecht : D. Reidel, 1986.

Karttunen, H., sous la direction de, *Fundamental Astronomy.* New York : Springer-Verlag, 1987.

Kennel, Charles F., Louis J. Lanzerotti et E. N. Parker, *Solar System Plasma Physics, Vol. 2 : Magnetospheres.* Amsterdam : North-Holland, 1979.

Krane, Kenneth S., *Modern Physics.* New York : John Wiley & Sons, 1983.

Lang, Kenneth R., et Owen Gingerich, *A Source Book in Astronomy and Astrophysics, 1900-1975.* Cambridge, Massachusetts : Harvard University Press, 1979.

Lewis, Richard S., *The Illustrated Encyclopedia of the Universe.* New York : Harmony Books, 1983.

Lockyer, Norman, *The Sun's Place in Nature.* London : Macmillan, 1897.

Meadows, A. J. :
Early Solar Physics. Oxford : Pergamon Press, 1970.
Science and Controversy : A Biography of Sir Norman Lockyer. Cambridge, Massachusetts : MIT Press, 1972.

A Meeting with the Universe. Washington : NASA, 1981.

Merrill, Ronald T. et Michael W. McElhinny, *The Earth's Magnetic Field : Its History, Origin and Planetary Perspective.* London : Academic Press, 1983.

Mitton, Simon, *Daytime Star : The Story of Our Sun.* New York : Charles Scribner's Sons, 1981.

Moore, Patrick, *The Sun.* New York : W. W. Norton, 1968.

Nicolson, Iain, *The Sun.* New York : Rand McNally, 1982.

Nishida, A., *Geomagnetic Diagnosis of the Magnetosphere.* New York : Springer-Verlag, 1978.

Noyes, Robert W., *The Sun, Our Star.* Cambridge, Massachusetts : Harvard University Press, 1982.

Parker, E. N., *Interplanetary Dynamical Processes.* New York : John Wiley & Sons, 1963.

Parker, Sybil P., *McGraw-Hill Encyclopedia of Astronomy.* New York : McGraw-Hill, 1983.

Pasachoff, Jay M., et Marc L. Kutner, *University Astronomy.* Philadelphie : W. B. Saunders, 1978.

Priest, E. R., *Solar Magneto-Hydrodynamics.* Dordrecht : D. Reidel, 1982.

Priest, E. R., *Dynamics and Structure of Quiescent Solar Prominences.* Dordrecht : Kluwer Academic Publishers, 1989.

Protheroe, W., R. Cepriotti et G. H. Newsom, *Exploring the Universe.* Columbus, Ohio : Charles E. Merrill, 1984.

Ridpath, Ian, *Stars and Planets.* Londres : Hamlyn, 1978.

Shapiro, Stuart L., et Saul A. Teukolsky, *Highlights of Modern Astrophysics : Concepts and Controversies.* New York : John Wiley & Sons, 1986.

Shu, Frank H., *The Physical Universe : An Introduction to Astronomy.* Mill Valley, Californie : University Science Books, 1982.

Stryer, Lubert, *Biochemistry.* San Francisco : W. H. Freeman, 1981.

Sturrock, Peter A., *Physics of the Sun, Vol. 1 : The Solar Interior.* Dordrecht : D. Reidel, 1986.

Tascione, Thomas F., *Introduction to the Space Environment.* Malabar, Floride : Orbit, 1988.

Trefil, James, *Meditations at Sunset : A Scientist Looks at the Sky.* New York : Charles Scribner's Sons, 1987.

Washburn, Mark, *In the Light of the Sun.* New York : Harcourt Brace Jovanovich, 1981.

Wright, Helen, *Explorer of the Universe : A Biography of*

George Ellery Hale. New York : E. P. Dutton, 1966.
Zeilik, Michael, et Elske v. P. Smith, *Introductory Astronomy and Astrophysics.* Philadelphie : Saunders College Publishing, 1987.
Zirin, Harold :
Astrophysics of the Sun. Cambridge : Cambridge University Press, 1988.
The Solar Atmosphere. Waltham, Massachusetts : Blaisdell, 1966.
Zirker, Jack B., *Coronal Holes and High Speed Wind Streams.* Boulder, Colo. : Colorado Associated University Press, 1977.

Périodiques

Akasofu, Syun-Ichi :
"The Aurora." *Scientific American,* décembre 1965.
"The Dynamic Aurora." *Scientific American,* mai 1989.
"Another Successful OSO." *Sky & Telescope,* octobre 1969.
Arnon, Daniel I., "The Role of Light in Photosynthesis." *Scientific American,* novembre 1960.
Bagnall, Philip M., "Observe the Naked-Eye Sky Glows." *Astronomy,* juin 1988.
Bahcall, J. N. :
"Neutrinos and Sunspots." *Nature,* 26 novembre 1987.
"Solar Neutrino Experiments." *Reviews of Modern Physics,* octobre 1978.
Barrett, Alan H., et Edward Lilley, "Mariner-2 Microwave Observations of Venus." *Sky & Telescope,* avril 1963.
Bassham, J. A., "The Path of Carbon in Photosynthesis." *Scientific American,* juin 1962.
Bernstein, Jeremy, "Out of My Mind." *American Scholar,* printemps 1988.
Chaikin, Andrew, "Solar Max : Back from the Edge." *Sky and Telescope,* juin 1984.
Chapman, Robert W., "NASA's Search for the Solar Connection — 1." *Sky & Telescope,* août 1979.
Christensen-Dalsgaard, Jorgen, et Douglas O. Gough, "Is the Sun Helium-Deficient?" *Nature,* 11 décembre 1980.
Christensen-Dalsgaard, Jorgen, Douglas O. Gough et Juri Toomre, "Seismology of the Sun." *Science,* 6 septembre 1985.
De la Zerda Lerner, A., et K. O'Brien, "Atmospheric Radioactivity and Variations in the Solar Neutrino Flux." *Nature,* 26 novembre 1987.
Deming, Drake, sous la direction de, "Infrared Helioseismology : Detection of the Chromospheric Mode." *Nature,* 17 juillet 1986.
De Rújula, A., et S. L. Glashow, "Neutrino Weight Watching." *Nature,* 21 août 1980.
Dunn, Richard B., "High Resolution Solar Telescopes." *Solar Physics 100,* 1985.
"The Earth's Magnetic Tail." *Sky & Telescope,* juin 1965.
Eberhart, Jonathan :
"Astronomers Plan a Month on the Sun." *Science News,* 27 août 1988.
"Solar Blast." *Science News,* 27 mai 1989.
Eddy, John A., "The Case of the Missing Sunspot." *Scientific American,* mai 1977.
Emslie, A. Gordon, "Explosions in the Solar Atmosphere." *Astronomy,* novembre 1987.
Evans, J. V., "The Sun's Influence on the Earth's Atmosphere and Interplanetary Space." *Science,* 30 avril 1982.
"Fantastic Fortnight of Active Region 5395." *Science News,* 8 avril 1989.
"The First Five Years of the Space Age." *Sky & Telescope,* mars 1963.
Fisher, Arthur, "Hunting Neutrinos." *Popular Science,* mai 1988.
Foukal, Peter, "Magnetic Loops in the Sun's Atmosphere." *Sky & Telescope,* décembre 1981.
Franco, Anna, et David H. Smith, "Vanishing Solar Neutrinos." *Sky & Telescope,* février 1987.
Giampapa, Mark S., "The Solar-Stellar Connection." *Sky & Telescope,* août 1987.
Golub, Leon, "What Heats the Solar Corona?" *Astronomy,* septembre 1982.
"Great Balls of Fire." *Sky & Telescope,* mai 1989.
Grec, Gérard, Eric Fossat et Martin Pomerantz, "Solar Oscillations : Full Disk Observations from the Geographic South Pole." *Nature,* 11 décembre 1980.
Gribbin, John, "Gravity, Dust and Solar Neutrinos." *Astronomy,* juin 1978.
Gringauz, K. I., "Some Results of Experiments in Interplanetary Space by Means of Charged Particle Traps on Soviet Space Probes." *Space Research,* 1961, vol. 2, pp. 539-553.
Harvey, J., J. R. Kennedy et J. W. Leibacher, *"GONG :* To See Inside Our Sun." *Sky & Telescope,* novembre 1987.
Harvey, J., M. Pomerantz et T. Duvall, Jr., "Astronomy on Ice." *Sky & Telescope,* décembre 1982.
Harvey, J., sous la direction de, "The Global Oscillation Network Group *(GONG)." Advances in Space Research,* 1988, vol. 8, no. 11, pp. 117-120.
Hones, Edward W., Jr., "The Earth's Magnetotail." *Scientific American,* mars 1986.
"IMP Discovers New Radiation Belt." *Missiles and Rockets,* 23 mars 1964.
Jaroff, Leon, "Fury on the Sun." *Time,* 3 juillet 1989.
Kanipe, Jeff, Richard Talcott et Robert Burnham, "The Rise and Fall of the Sun's Activity." *Astronomy,* octobre 1988.
Kidder, Tracy, "A Blemished Sun?" *Science,* juillet-août 1981.
Klein, L. W., et L. F. Burlaga, "Interplanetary Magnetic Clouds at 1 AU." *Journal of Geophysical Research,* 1er février 1982.
Kopp, Roger A., "The High Altitude Observatory's 1970 Eclipse Expedition." *Sky & Telescope,* juin 1970.
Krieger, A. S., A. F. Timothy et E. C. Roelof, "A Coronal Hole and Its Identification as the Source of a High Velocity Solar Wind Stream." *Solar Physics,* 1973, vol. 29, pp. 505-525.
Kuhn, J. R., K. G. Libbrecht et R. H. Dicke, "The Surface Temperature of the Sun and Changes in the Solar Constant." *Science,* novembre 1988.
Lanzerotti, Louis J., et Stamatios M. Krimigis, "Comparative Magnetospheres." *Physics Today,* novembre 1985.
Leer, Egil, Thomas E. Holzer et Tor Fla, "Acceleration of the Solar Wind." *Space Science Reviews,* 1982, vol. 33, no. 2, pp. 161-200.
Leibacher, John W., sous la direction de, "Helioseismology." *Scientific American,* septembre 1985.
Libbrecht, K. G., sous la direction de, "The Excitation and Damping of Solar Oscillations." *Nature,* 18 septembre 1986.
Livingston, William, Oddbjorn Engvold et Eberhart Jensen, "Old and New Views of Solar Prominences." *Astronomy,* juillet 1987.
LoPresto, James Charles :
"Looking Inside the Sun." *Astronomy,* mars 1989.
"The Rotation of the Sun." *Astronomy,* décembre 1986.

McIntosh, Patrick S., et Harold Leinbach, "Watching the Premier Star." *Sky & Telescope,* novembre 1988.
MacRobert, Alan, "The Aurora." *Sky & Telescope,* janvier 1986.
Maran, Stephen P.:
"Cosmic Rays Meet the Solar Wind." *Natural History,* août 1983.
"Solar Bubbles." *Natural History,* avril 1975.
Maran, Stephen P., et Bruce E. Woodgate, "A Second Chance for Solar Max." *Sky and Telescope,* juin 1984.
Maxwell, Alan, "Solar Flares and Shock Waves." *Sky & Telescope,* octobre 1983.
Menzel, Donald H., et Jay M. Pasachoff, "Solar Eclipse, Nature's Super Spectacular." *National Geographic,* août 1970.
Morrison, Philip, "The Neutrino." *Scientific American,* janvier 1956.
Mullan, Dermott:
"Caution! High Winds Beyond This Point." *Astronomy,* janvier 1982.
"Tuning in to the Interior of a Star." *Astronomy,* décembre 1984.
Nadis, Steve, "Stars." *Omni,* avril 1989.
Ness, Norman F., Clell S. Scearce et Joseph B. Seek, "Initial Results of the Imp 1 Magnetic Field Experiment." *Journal of Geophysical Research,* 1er septembre 1964.
Neugebauer, Marcia, et Conway W. Snyder, "Mariner 2 Observations of the Solar Wind, 1, Average Properties." *Journal of Geophysical Research,* 1er octobre 1966.
"NOAO Scientist Reports on Signs of Violent 'Healing' Process on Sun." *National Optical Astronomy Observatories News,* 13 mai 1985.
Noëns, J. C., et J. Pageault, "Measuring Electron Density in Coronal Active Regions." *Solar Physics,* 1984, vol. 94, pp. 117-131.
Norman, Eric B., "Neutrino Astronomy: A New Window on the Universe." *Sky & Telescope,* août 1985.
"Observing the Satellites." *Sky & Telescope,* mai 1961.
Overbye, Dennis:
"The Ghost Universe of Neutrinos." *Sky & Telescope,* août 1980.
"John Eddy: The Solar Detective." *Discover,* août 1982.
Parker, E. N., "Dynamics of the Interplanetary Gas and Magnetic Fields." *Astrophysical Journal,* novembre 1958.
Peterson, Ivars:
"A Swirl on the Sun's Blotchy Face." *Science News,* 17 septembre 1988.
"New Pictures of the Sun Reveal a Number of Surprising and Puzzling Solar Features." *Science News,* juillet 1988.
"Probe Finds Unexpected Strength in Interplanetary Magnetic Field." *Aviation Week and Space Technology,* 3 avril 1961.
Reeves, Hubert, "The Detection of Solar Neutrinos." *Sky & Telescope,* mai 1964.
"Results from Mariner 2." *Sky & Telescope,* février 1963.
Roberts, B., et W. R. Campbell, "Magnetic Field Corrections to Solar Oscillation Frequencies." *Nature,* octobre 1986.
Robinson, Leif J., "The Sunspot Cycle: Tip of the Iceberg." *Sky & Telescope,* juin 1987.
Roble, Raymond G., "The Auroras." *Natural History,* octobre 1977.
Russell, C. T., et R. L. McPherron, "The Magnetotail and Substorms." *Space Science Reviews,* 1973, vol. 15, pp. 205-264.
Rust, David M., "Warming Up for the Solar Maximum Year." *Sky & Telescope,* octobre 1979.
Saunders, Mark, "The Birth of a Plasmoid." *Nature,* 29 juin 1989.
Severny, A. B., V. A. Kotov et T. T. Tsap, "Observations of Solar Pulsations." *Nature,* 15 janvier 1976.
"Solar Max Snaps a Big, Brilliant Flare." *Science News,* 18 mars 1989.
Stahl, Philip A., "Sunspots." *Astronomy,* mai 1980.
Stevens, William K., "Analysis Links Sunspots to Weather on Earth." *New York Times,* 13 juin 1989.
Thomsen, Dietrick E.:
"Neutrino Mass: A Positive View." *Science News,* 18 avril 1987.
"Solar Neutrino Mysteries Persist." *Science News,* 30 avril 1988.
Verschuur, Gerrit L.:
"The Many Faces of the Sun." *Astronomy,* mars 1989.
"Will *Solar Max* Be Saved?" *Astronomy,* octobre 1988.
Waldmeier, M., "The Coronal Hole at the 7 March 1970 Solar Eclipse." *Solar Physics,* 1975, vol. 40, pp. 351-358.
Wang, Y. M., A. G. Nash et N. R. Sheeley, Jr., "Magnetic Flux Transport on the Sun." *Science,* 18 août 1989.
Weisburd, S., "Mining for Traces of Galactic Star Deaths." *Science News,* 4 juin 1988.
Weneser, Joseph, et Gerhart Friedlander, "Solar Neutrinos: Questions and Hypotheses." *Science,* 13 février 1987.
Wilcox, John M., et Norman F. Ness, "Structure." *Solar Physics,* 1967, vol. 1, pp. 437-445.
Willson, Richard C., et H. S. Hudson, "Solar Luminosity Variations in Solar Cycle 21." *Nature,* 28 avril 1988.
Willson, Richard C., H. S. Hudson et M. Woodard, "The Inconstant Solar Constant." *Sky & Telescope,* juin 1984.

Autres Publications

"Basic Photovoltaic Principles and Methods." Golden, Colorado: Solar Energy Research Institute, février 1982.
Harrington, Sherwood, "Selecting Your First Telescope." Information packet on astronomy. San Francisco: Astronomical Society of the Pacific, 1982.
Menicucci, David F., et Anne V. Poore, "Today's Photovoltaic Systems: An Evaluation of Their Performance." Albuquerque: Sandia National Laboratories, 1987.
Sofia, S., "Variations of the Solar Constant." NASA Conference Publication 2191. Washington: NASA Scientific and Technical Information Branch, 1981.

INDEX

Les numéros en italiques indiquent que le sujet mentionné figure dans une illustration

REMERCIEMENTS

Les rédacteurs remercient Ronald J. Angione, San Diego State University; Laurie Batchelor, NASA Goddard Space Flight Center, Greenbelt, Md.; Gerd Bauerfeld, Max Planck Institut für Astrophysik, Garching, RFA; Ilse Biermann, Munich, RFA; Ron Brashear, Mount Wilson Observatory, Pasadena, Calif.; Todd Brown, National Solar Observatory, Sunspot, N.Mex.; Alain Bücher, observatoire du pic du Midi, observatoire Midi-Pyrénées; Leonard F. Burlaga, NASA Goddard Space Flight Center, Greenbelt, Md.; Canary Astrophysical Institute, Tenerife, Canary Islands, Espagne; Kumar Chitre, NASA Goddard Space Flight Center, Greenbelt, Md.; Bill Cox, Smithsonian Institution Archives, Washington; Steve Curtis, NASA Goddard Space Flight Center, Greenbelt, Md.; Raymond Davis, Jr., University of Pennsylvania, Philadelphie; John Eddy, University Corporation for Atmospheric Research, Boulder, Colorado; Robert Futaully, observatoire du pic du Midi, observatoire Midi-Pyrénées; Sanjoy Ghosh, NASA Goddard Space Flight Center, Greenbelt, Md.; Peter Glaser, Arthur D. Little, Inc., Cambridge, Mass.; Leon Golub, Smithsonian Astrophysical Observatory, Cambridge, Mass.; Joe Gurman, NASA Goddard Space Flight Center, Greenbelt, Md.; Peter D. Hingley, Royal Astronomical Society, Londres; Art Hundhausen, National Center for Atmospheric Research, Boulder, Colo.; Fred Ipavich, University of Maryland, College Park; Larry Kazmerski, Solar Energy Research Institute, Golden, Colo.; Steve Keil, National Solar Observatory, Sunspot, N.Mex.; Ursula Karus, Hamburg, RFA; Eugene Lavely, Massachusetts Institute of Technology, Cambridge; Kenneth Libbrecht, California Institute of Technology, Pasadena; William Livingston, National Solar Observatory, Tucson, Ariz.; Patrick McIntosh, National Oceanic and Atmospheric Administration, Boulder, Colo.; Donna McKinney, Naval Research Laboratory, Washington; Richard Muller, observatoire du pic du Midi, observatoire Midi-Pyrénées; Jacques-Clair Noëns, observatoire du pic du Midi, observatoire Midi-Pyrénées; Lawrence J. November, National Solar Observatory, Sunspot, N.Mex.; William O'Clock, National Oceanic and Atmospheric Administration, Boulder, Colo.; Robert Pfaff, NASA Goddard Space Flight Center, Greenbelt, Md.; Theresa Salazar, University of Arizona, Tucson; Barbara Scott, NASA Goddard Space Flight Center, Greenbelt, Md.; Richard Sicher, Agricultural Research Service, United States Department of Agriculture, Beltsville, Md.; James Slavin, NASA Goddard Space Flight Center, Greenbelt, Md.; Marie-José Vin, observatoire de Haute-Provence; Richard Willson, NASA Jet Propulsion Laboratory, Pasadena, Calif.; Ed Zieske, Homestake Mining Co., Lead, S.Dak.; Harold Zirin, California Institute of Technology, Pasadena.

SOURCES DES ILLUSTRATIONS

Les sources des illustrations sont séparées de gauche à droite par des points-virgules et de haut en bas par des tirets.
Couverture : Big Bear Solar Observatory, California Institute of Technology. 2, 3 : illustration de Rob Wood of Stansbury, Ronsaville, Wood, Inc. 8, 9 : National Solar Observatory, Sunspot, N.Mex. 10, 11 : lettrine, détail des pages 8, 9 — illustration de Matt McMullen. 13 : illustration de Fred Holz. 14 : National Solar Observatory, Sunspot, N.Mex. 17 : Lick Observatory, University of California, Santa Cruz. 18 : extrait de *The Life and Work of Sir Norman Lockyer,* par T. Mary Lockyer, Macmillan and Co., 1928, Londres — in *The Spectroscope and Its Applications,* par Norman Lockyer, Macmillan and Co., 1873, Londres. 20 : The Observatories of the Carnegie Institution of Washington. 21 : Yerkes Observatory, University of Chicago. 23 : National Solar Observatory, Sunspot, N.Mex. Graphisme de Time-Life Books (2). 25 : extrait de *A New Sun,* par John Eddy, NASA, 1979, Washington. 27 : National Solar Observatory, Sunspot, N.Mex. 29 : illustration de Stephen R. Bauer. Photo du fond, Big Bear Solar Observatory, California Institute of Technology. 30-39 : illustration de Stephen R. Bauer. 40, 41 : Raymond Davis/Brookhaven National Laboratory. 42 : lettrine, détail des pages 40, 41. 44, 45 : illustration du fond de Stephen R. Wagner. Royal Astronomical Society, Londres ; AIP Niels Bohr Library, Goudsmit Collection ; AIP Niels Bohr Library, Margrethe Bohr Collection ; avec l'aimable autorisation des Archives, California Institute of Technology ; AIP Niels Bohr Library, photo de Edith Michaelis ; AIP Niels Bohr Library. 46 : George B. Keeley/New Haven Register. 48 : observatoire du pic du Midi. 50 : David Parker, SPL, Photo Researchers. 54 : Ken Libbrecht, California Institute of Technology — graphismes Time-Life Books. 55 : National Optical Astronomy Observatories ; Ken Libbrecht, California Institute of Technology. 56 : carte Time-Life Books. 58, 59 : graphisme de Stephen R. Wagner. National Optical Astronomy Observatories ; observatoire du pic du Midi — National Optical Astronomy Observatories ; Big Bear Solar Observatory, California Institute of Technology — National Optical Astronomy Observatories. 60, 61 : illustration de Stephen R. Wagner. National Optical Astronomy Observatories ; illustration dans le cartouche de Matt McMullen ; National Optical Astronomy Observatories. 62, 63 : illustration de Stephen R. Wagner. National Solar Observatory, Sunspot, N.Mex. (3). 64, 65 : illustration de Stephen R. Wagner d'après des dessins de Daniel Bardin. Observatoire du pic du Midi (2). 66, 67 : illustration de Stephen R. Wagner. Big Bear Solar Observatory, California Institute of Technology (4). 68, 69 : illustration de Stephen R. Wagner. National Optical Astronomy Observatories (3). 70, 71 : The Naval Research Laboratory. 72 : lettrine, détail des pages 70, 71. 74 : Smithsonian Institution, N° A-10600 ; Smithsonian Institution, N° 00-4951. 76, 77 : avec l'aimable autorisation des Special Collections, University of Arizona ; avec l'aimable autorisation du Royal Greenwich Observatory — James Balog/© 1982 Discover Publications. 79 : National Solar Observatory (2). 80, 81 : illustration de Fred Holz. Diagramme en papillon de Daniel C. Wilkinson, National Oceanic and Atmospheric Administration/National Geophysical Data Center. 83 : photo USAF. 84, 85 : Big Bear Solar Observatory, California Institute of Technology. 86, 87 : NASA/Technology Application Center, University of New Mexico, Albuquerque. 89 : The Naval Research Laboratory. 91-99 : illustration d'Alfred Kamajian. 100, 101 : George Cresswell, Commonwealth Scientific and Industrial Research Organization, Australia. 102 : lettrine, détail des pages 100, 101. 103 : Jay Pasachoff, Williams College ; High Altitude Observatory, Boulder, Colo. 104, 105 : Hale Observatories, Palomar Mountain, Calif. (2). 106 : University of Chicago, Office of News and Information. 108, 109 : ambassade d'URSS, avec l'aimable autorisation de la revue *Sky & Telescope* ; NASA, Washington (3) ; Ball Aerospace Systems Group. 111-113 : illustration de Matt McMullen. 114, 115 : illustration de Matt McMullen — graphes Time-Life Books. 116 : NASA, LBJ Space Center, Houston (SL4-143-4706) — NASA, George Marshall Space Flight Center, Alabama. 118 : American Science and Engineering, avec l'aimable autorisation de Leon Golub, Smithsonian Astrophysical Observatory, Cambridge, Mass. 121 : High Altitude Observatory, Boulder, Colo. (3). 124, 125 : illustration de Fred Devita, adaptée d'une illustration du National Center for Atmospheric Research/National Science Foundation. Illustration dans les cartouches de Fred Devita. 126-131 : illustration de Fred Devita. 132, 133 : illustration de Fred Devita, adaptée de "The Earth's Magnetotail," Edward Hones, Jr., © March 1986 by Scientific American, Inc., tous droits réservés.

ÉDITIONS TIME-LIFE

DIRECTRICE DES ÉDITIONS EUROPÉENNES : Ellen Phillips
Directeur artistique : Ed Skyner
Directrice administrative : Gillian Moore
Secrétaire générale de la rédaction : Ilse Gray
Assistante du directeur artistique : Mary Staples

Correspondants : Elisabeth Kraemer-Singh (Bonn); Christina Lieberman (New York); Maria Vincenza Aloisi (Paris); Ann Natanson (Rome). Une aide précieuse a également été apportée par Trini Bandres (Madrid); Dick Berry (Tokyo); Elizabeth Brown (New York); John Dunn (Melbourne); Christine Hinze (Londres); Felix Rosenthal (Moscou); Patricia Strathern (Paris) et Ann Wise (Rome).

VOYAGE À TRAVERS L'UNIVERS

RESPONSABLE DE LA COLLECTION : Roberta Conlan
Administration de la collection : Judith W. Shanks

Équipe rédactionnelle pour *Le Soleil*
Conception artistique : Robert K. Herndon (directeur), Ellen Robling
Rédactrice adjointe : Kristin Baker Hanneman (illustrations)
Rédaction : Allan Fallow (rédacteur principal), Lee Hassig, Robert M. S. Somerville
Documentalistes : Mark Galan, Karin Kinney, Mary McCarthy, Barbara C. Mallen
Maquettiste adjoint : Barbara M. Sheppard
Coordination de la copie : Anne Farr, Darcie Conner Johnston
Coordination de l'iconographie : Ruth Moss
Assistante à la rédaction : Katie Mahaffey

Avec la collaboration particulière de : Sarah Brash, Gregory Byrne, K. C. Cole, James Cornell, Ken Croswell, James Dawson, Peter Kaufman, Laura Ost, Peter Pocock, Chuck Smith, James Trefil, Karen et Wallace Tucker (texte); Sydney Baily, Vilasini Balakrishnan, Craig Chapin, Edward Dixon, Dan Kulpinski, Jocelyn Lindsay, Philip Murphy, Eugenia Scharf, Elizabeth Thompson, Roberta Yared (documentation); Barbara L. Klein (index).

ÉDITION EUROPÉENNE
Maquettiste : Paul Reeves
Secrétaire de rédaction : Tim Cooke
Chef de fabrication : Samantha Hill
Assistante de fabrication : Emma Veys

ÉDITION FRANÇAISE
Direction : Dominique Aubert
Traduit de l'anglais par Jean-Pierre Luminet
Saisie : John Booly, Paulette Poussin
Consultant : Jean-Pierre Verdet, Astronome à l'Observatoire de Paris

Titre original : *The Sun*

Composition photographique :
Photocompo Center SA, Bruxelles, Belgique
Imprimé et relié par Arcata Graphics, Kingsport, Tennessee, États-Unis.
Dépôt légal : septembre 1990

ISBN 2-7344-0556-3

LES CONSEILLERS

DEBORAH HABER, chargée de l'information au National Solar Observatory, à Sacramento Peak, New Mexico, travaille sur l'interaction entre champs magnétiques solaires et oscillations solaires.

JOHN HARVEY, membre de l'équipe scientifique du National Solar Observatory, à Tucson, Arizona, s'intéresse au champs magnétiques du Soleil.

FRANK HILL fait partie du National Solar Observatory, à Tucson, Arizona. Membre actif du Global Oscillation Network Group (GONG), il a recours aux données d'oscillations solaires afin de contrôler la zone de convection du soleil.

ROBERT F. HOWARD est astronome au National Solar Observatory à Tucson, Arizona. Il est aussi rédacteur de la revue *Solar Physics.* Il était auparavant responsable du programme solaire au Mount Wilson Observatory à Pasadena, California.

JAMES C. LOPRESTO, spécialiste de la rotation solaire, de l'héliosismologie et de la spectroscopie solaire à haute résolution, enseigne à l'University of Pennsylvania. Il est directeur de l'observatoire de l'université et du Solar Observational Laboratory.

DONALD F. NEIDIG est astrophysicien au National Solar Observatory à Sacramento Peak, New Mexico. Il est spécialiste de l'intensité solaire et des prévisions de l'activité solaire.

JAY M. PASACHOFF dirige l'Hopkins Observatory du Williams College, à Williamstown, Massachussetts, où il enseigne. Il est l'auteur de nombreux ouvrages et articles consacrés à l'astronomie.

C.T. RUSSELL a participé à plusieurs missions de la NASA afin d'explorer la magnétosphère terrestre, les planètes et l'espace interplanétaire. Il enseigne à l'University of California, à Los Angeles.

RAYMOND N. SMARTT est directeur adjoint des opérations du National Solar Observatory à Sacramento Peak, New Mexico. Il s'intéresse à l'instrumentation, au dessin optique ainsi qu'à la physique coronale.

JACK B. ZIRKER, astronome et physicien au National Solar Observatory à Sacramento Peak, New mexico, étudie la couronne, la chromosphère et la photosphère du Soleil. Il fut, de 1976 à 1984, directeur de l'observatoire.